왜 아이 마음에 상처를 줬을까

MAMA, NICHT SCHREIEN!

Liebevoll bleiben bei Stress, Wut und starken Gefühlen

by Jeannine Mik, Sandra Teml-Jetter

© 2019 by Kösel-Verlag, a division of Verlagsgruppe Random House GmbH

Korean Translation ⓒ 2020 by E*PUBLIC

All rights reserved.

The Korean language edition published by arrangement with

Verlagsgruppe Random House GmbH, Germany through MOMO Agency, Seoul.

왜
아이
마음에
상처를
줬을까

화내고 후회하는
세상 모든 엄마들을 위한
감정 수업 ―――――

재닌 믹·잔드라 테믈-예터 지음
이지혜 옮김

로그인

부모가 된다는 것

부모가 되고 나면 삶에 멋진 순간들이 찾아온다. 숨이 멎고 눈물이 흐를 정도로 깊은 감동의 순간들 말이다. 놀이에 열중해 있거나, 품을 파고들거나, 무한한 애정을 보내 주는 아이의 모습을 바라볼 때가 바로 그런 순간이다. 놀라우리만치 많은 것을 해내는 고사리 같은 손, 알고 싶은 것도 많고 세상만물에서 기적을 찾아낼 줄 아는 호기심 어린 눈동자, 아무런 편견 없이 순수한 맑은 영혼, 거리낌 없고 강인하며 두려움을 모르는 의지. 이 얼마나 매력적인 존재인지!

그런데 이따금씩 이 모든 것이 어렵게만 느껴지는 이유는 무엇일까? 어째서 이 작고 완벽하며 사랑스러운 존재가 말 그대로 우리를 미치도록 만드는 것일까? 최고의 부모가 되기 위해 온갖 노력을 기울이는데도 막막한 상황에 부딪치는 일은 왜 그리도 자주 일어날까? 그토록 꿈꿔온, 애정 어린 부모의 모습을 유지하는 데 실패한 자신의 모습을 보며 당신은 종종 자괴감에 빠지곤 할 것이다. 이런 격한 감정들을 어떻게 통제해야 할까? 진정 원하는 대로 살고 사랑하지 못하도록 당신을 가로막는 것은 무엇인가?

정답은 바로 '많은 것'이다. 언제 용암을 내뿜으며 폭발할지 모르는 활화산처럼 당신을 들끓게 만드는 것은 대부분의 경우 아이와 아이의 행동이 아니다. 사실 아이가 기폭제가 되는 경우는 많아도 근본적인 원인인 경우는 많지 않다. 그렇다면 진짜 원인은 무엇일까?

이쯤에서 당신은 유년기를 되돌아볼 필요가 있다. 당신의 기본적 특성을 결정지은 어린 시절과 그 시기에 당신에게 사랑과 애정을 쏟지 않은 사람들을 떠올려 보라. 당시의 생활환경, 삶을 지치게 만든 일상, 견뎌야 했던 스트레스도 함께 떠올려 보라. 사람들과의 관계, 불편했던 사이, 원했음에도 맺어지지 못한 인연을 떠올리는 사람도 있을 것이다. 인간은 이 모든 것을 평생 짊어지고 살아간다. 지금도 당신을 따라다니며 삶 곳곳에 스며들어 있다. 다만 자각하고 있지 못할 뿐.

삶에서는 매일 공사판이 벌어진다. 직장과 집에서는 스트레스를 받고, 모든 이들이 나에게 무언가를 요구하는 것만 같으며, 다른 사람들을 행복하게 해주기는커녕 내가 먼저 행복하기에도 시간이 턱없이 부족하다. 도대체 이 모든 상황에 어떻게 대처하고, 스트레스를 견디며, 다른 사람들의 기대에도 부응할 수 있을까?

이는 현실적으로 쉽지 않은 일이다. 모든 것을 다 잘해낼 수도 없고,

모든 일이 순조롭게 풀리지도 않는다. 다행인 것은, 그래도 괜찮다는 사실이다. 정말이다. 그게 인생이니까.

삶은 걸핏하면 뜻밖의 난관들을 우리 앞에 내던진다. 그것에 의해 또는 그것과 더불어 성장하고 스스로를 재발견할 수 있게 하기 위해서이다. 과감하게 새로운 것을 탐색하라. 기존의 것은 내게 아직 적합하다고 판단될 경우에만 유지하라. 당신이 원하는 당신의 모습을 만들고 현재를 가꾸어 나가는 데 옛것이 맞지 않는다고 생각되면 과감히 버려라.

그렇다면 부담으로 인해 삶이 휘청거리는 순간에는 어떻게 해야 할까? 삶의 곳곳에 공사판이 널려 있거나 넘어야 할 장벽이 너무나 높아 보인다면? 당신이 곁에 두고 싶어 하는 사람들과의 관계에 이것이 부정적인 영향을 미친다면? 스트레스로 인해 애정 어린 태도를 유지하기 어려울 때, 그리고 그런 일이 자주 반복되는 경우에는 변화를 모색해야 한다.

안타까운 일이지만, 자기 스스로를 주변 환경의 희생양으로 간주해도 변하는 것은 아무것도 없다. 의식적으로 살고 싶다면 내 삶의 디자이너가 되어야 한다. 그러기 위해서는 자기강화가 필요하다. 커다란 용기도 필요하다. 사랑은 말할 것도 없다. 당신은 이 모든 것을 갖추고 이것을 당신의 일부로 만들어야 하며, 끊임없이 다음과 같은 질문을 던져야 한다.

나는 지금 어떤 모습이고자 하는가?

나는 현재 이렇게 행동하는 나 자신을 좋아하는가?

나는 어떻게 살고자 하는가?

나는 올바른 방향으로 걷고 있는가?

내가 현재 하는 일이 나의 비전에 들어맞는가?

그렇지 못하다면 다시금 비전에 가까워지기 위해 내가 당장 변화시켜야 하는 것은 무엇인가? 당신은 과감히 행동할 수 있어야 하며, 그 행동은 신뢰 받을 수 있는 것이어야 한다. 나아가 당신에게 적합하며, 스스로 옳고 편안하다고 느낄 수 있는 것이어야 한다.

이런 생각을 따라가다 보면 한때 당신이 짊어졌던 모든 마음의 짐과 불쾌한 경험, 그리고 현재의 조건들이 과거에 실제로 있었거나 현재 당면해 있는 현실임에도 불구하고 스스로를 강화시킬 수 있음을 깨닫게 된다. 그리고 그런 것들 덕분에 자기강화가 가능한 것인지도 모른다. 삶은 이것을 수동적으로 견디기보다는 능동적으로 대처하도록 당신을 유도한다. 당신의 능력이 아닌 타인의 손에 달려 있거나 실질적으로 당신과 상관없는 일을 해결하려 애쓰다 보면 에너지만 소진될 뿐 자기강화는 실패할 수밖에 없다. 나아가 자기 자신은 물론 당신이 친밀한 관계를 맺고자 하는 사람들에게서도 멀어지게 된다. '나는 당신이 변화시킬 수 있는 것을 변화시킬 힘을 갖기 바란다. 그리고 한 가지를 다른 모든 것으로부터 분리할 수 있는 지혜 또한 갖기 바란다.' 누가 한 말인지는 모르지만 이 얼마나 현명한 생각인가. 이 말은 전적으로 옳다.

이러한 마음가짐은 당신을 당신 자신과 자녀들에게로 이끌어주며, '애정 어린 태도를 더 잘 유지하기 위해 내가 지금 이곳에서 할 수 있는 일은 무엇인가?'라는 질문을 던지게 만든다. 전반적으로 보다 평화롭고 여유로운 태도를 갖추고, 과거 당신을 폭발하게 만들었던 자극에 평정을 잃지 않는 경지에 이르려면 어떻게 해야 할까? 현실에 맞서 고군분투하기보다는 그에 적절히 대응하는 것이 방법이다.

그렇게 하는 데 성공하려면 당신의 자원가방을 지식과 노련함으로 채워야 한다. 이것은 커다란 위기를 만났을 때 스트레스를 극복하고, 상황을 명료하게 파악하며, '자기 자신'과의 연결고리를 잃지 않게 해준다. 이로써 현재 당신에게 무슨 일이 벌어지고 있는지 파악할 수 있다. 당신이 의식적으로 행동하기를 멈추는 순간은 언제인지, 당신의 분노가 말하고자 하는 바는 무엇인지도 말이다. 여기까지는 꾸준한 훈련과 성찰이 필요하지만, 언젠가는 다시금 중심을 찾게 해주는 적절한 자극점에 도달하게 될 것이다. 감정의 파도에 완전히 휩쓸리기 전에 말이다. 그러기 위해 당신은 신체와 신체 인지 능력을 단련해야 한다. 그러고 나면 내면에서 변화가 나타나기 시작한다. 처음에는 이것이 낯설게 느껴질 수도 있지만 이는 얼마 가지 않아 긍정적인 기분으로 전환될 것이다.

자녀에게 스스로를 '조율'하게 하고 아이와의 안정적인 연결고리를 체험하는 일이 많은 부모들에게 어렵게 느껴지는 것도 무리는 아니다. 자신과의 연결고리조차 느끼지 못하는 사람이 어찌 타인과 관계를 맺을 수 있겠는가? 내면의 나침반을 잃어버린 상태에서 어떻게 자녀에게 길잡이가 되어 줄 수 있겠는가? 자기 자신의 목소리조차 듣지 못하면서 어떻게 아이에게 귀를 기울여준단 말인가?

의식적이면서도 진실되게 부모로서의 삶을 영위하고자 한다면 반드시 이 나침반을 되찾고 내면의 목소리에 귀를 기울여야 한다. 이 책은 흥미로운 자아 탐색의 여정으로 당신을 초대할 것이다. 자기 자신은 물론 자녀와도 보다 만족스럽고 행복한 관계를 맺고 근본적인 변화의 가능성을 얻기 위한 여행이다. 외부로 시선을 돌리되, 당신의 내면을 끊임없이 느껴야 한다는 사실을 잊지 마라. 그러고 나면 주의 깊게, 의식적으로 행동에 돌입할 수 있다. 미국의 작가인 바이런 케이티Byron Katie는 "출구가 곧 입구"라고 말했다. 이 말에 답이 있다. 당신의 자아로 들어가는 길이 바로 그것이다. 이를 위해 당신은 겉모습에 가려진 에고Ego를 들여다보아야 한다.

스트레스나 분노 같은 강한 감정이 폭발할 때 자기 자신을 잃지 않고 평정을 되찾는 데 성공한다면, 이는 당신은 물론 당신의 자녀와 성공적인 관계를 맺는 데 비옥한 토양이 되어 줄 것이다. 그 뒤에는 강한 감정에 휩쓸리거나 압도당하는 일은 더 이상 일어나지 않을 것이다. 감정은 당신을 휩쓸어버리지 못하며, 당신도 더는 이를 외면하지 않게 될 것이다. 이제부터는 감정을 인지하고 똑바로 바라보며 그에 대처할 테니까 말이다. 파도를 기꺼이 맞아들이며 용기를 모아 능숙하게 파도를 타는 서퍼처럼 말이다.

답을 찾는 길이 때로는 잘 닦인 아스팔트길이 아니라 거친 자갈길처럼 느껴질 수 있다. 지름길이라곤 없으며, 여기저기 튀어나온 돌부리에 채여 넘어지는 일도 빈번할 것이다. 그러나 언젠가는 이 길이 당신을 자신에게로 이끌고 스스로와 조화로운 관계를 맺도록 도와줄 것이다. 그곳에서는 애정 어린 태도로 주변 사람들을 대할 수도 있을 것이다. 당신은 그토록 갈망하던, 자녀에게 안전을 제공하고 길잡이가 되어 주는 등대로서의 자신을 볼 수 있다. 고비를 하나씩 넘어설 때마다 자부심을 품고, 아이는 당신이 기대하는 것 이상의 존재임을 믿으라. 이 책이 그 여정의 일부를 함께할 것이다.

엄마가 행복해야 아이도 행복하다

아이들에 대하여

젖먹이를 품에 안은 한 여인이 말했다.

우리에게 아이들에 대해 말해 주소서.

그러자 그가 대답했다.

그대의 아이들은 그대의 아이들이 아니다.

그들은 자아를 갈구하는 삶의 아들딸이다.

아이들은 그대를 통해 세상에 왔으되 그대의 것이 아니다.

그대의 곁에 있다 해도 그대의 소유물은 아니다.

그대는 아이들에게 사랑을 줄지언정

그대의 생각을 주어서는 안 될지니,

아이들에게는 저마다의 생각이 있기 때문이다.

그대는 아이들의 육체에 집을 제공할지언정

영혼까지 머물게 할 수는 없으니,

영혼은 그대가 찾아갈 수 없으며 꿈조차 꾸지 못할

내일의 집에 살고 있기 때문이다.

그대는 아이들과 같아지려 애쓸 수는 있으되

아이들을 그대와 똑같이 만들려 애쓰지는 마라.

삶은 되돌릴 수도 어제에 머물 수도 없기 때문이다.

그대는 생명이 깃든 화살처럼 아이를 쏘아 보내는 활이어라.

궁수는 영원의 길에서 과녁을 보며

화살이 빠르게 멀리 날아가도록 온 힘을 다해 그대를 당긴다.

그대를 당기는 궁수의 손에 기쁜 마음으로 자신을 내맡길지어니

그는 날아가는 화살만큼이나 팽팽한 활도 사랑하기 때문이다.

_칼릴 지브란Khalil Gibran

참으로 아름답고 맑은 이 시를 읽고 있노라면 '그래, 바로 이거야. 나도 이렇게 해야지'라는 생각이 든다. 당신도 스스로에게 솔직하게 물어보라. '감정은 어떻게 할 것인가?', '감정을 어떻게 통제하는가?', '감정에 성공적으로 대처하는 방법은 무엇인가?'

어쩌면 당신은 감정에 대처하기보다 이를 피해 가는 법이 더 궁금할지 모른다. 당신이 출발지에서 목적지로 단숨에 건너뛸 수 있도록 일련의 비법들을 소개할 수 있다. 이런 방법으로 목적지에 도달하고 나면 모든 것이 더할 나위 없이 좋을 것이다. 누구나 사용할 수 있는 쉬운 해결책을 제공할 수도 있다. 하지만 이는 위선이다.

인터넷에는 스트레스에 대처하는 방법을 알려주는 책들이 넘쳐난다. 예컨대 고함이 목구멍까지 차올랐다면 다섯이나 열까지 숫자를 세는 것도 방법이다. 이 방법이 효과를 발휘한다면 다행이다. 그런데 이렇게 하는 데 성공한 엄마들은 거의 없다. 상담을 하며 만난 엄마들은 아무리 노력해도 이것을 해내지 못해 스스로를 실패한 엄마라 생각하고 있었다. 더 할 나위 없이 단순하고 명확해 보이지만 정작 실천할 수는 없었던 것이다. 이들은 치솟는 분노에 압도당하기 전에 이를 감지하려면 도대체 어떻게 해야 하는지 몰라 막막해했다. 아무것도 느끼지 못하거나 모든 것을 느끼거나, 둘 중 하나인 셈이다. 어느 쪽이든 과하기는 마찬가지다.

몸속에서 솟구치는 분노를 감지하고 난 뒤에 이를 외면해 버리지만 않는다면 숫자 세기도 훌륭한 방법이다. 그러나 경험에 의하면 대부분의 사람들은 숫자를 세는 데까지는 성공하지만 숫자에 주의를 기울이느라 정작 자신의 몸에는 신경 쓰지 않는다. 이는 해결을 미뤄두는 행위일 뿐 자신과 연결고리를 맺는 일과는 거리가 멀다. 내면의 분노를 해결하는 건강하지 못한 방법이 처음에는 소리 지르기였다면 이제는 숫자 세기가 그것이다. 두 가지 모두 자신을 대면하는 일과는 하등의 관계가 없는 일이다. 현실에 맞서 고군분투하다 보면 이러나저러나 결과는 회피뿐이다. 이런 방식으로는 감정에 건설적으로 대처하는 법을 배우지도 못할뿐더러 분노가 실질적으로 말하고자 하는 것이 무엇인지도 파악할 수 없다. 또한 부모로서 자기감정에 어떻게 대처해야 하는지 아이에게 모범을 보여주기는커녕 감정을 외면하는 모습만 보이게 된다.

장기적으로 더 여유롭고 행복해지기 위해서는 스스로를 보다 잘 파악하고 자기 신체, 정확히 말해 자신의 감정 및 의지와의 연결고리를 되찾는 일이 매우 중요하다. 이를 위해 인생의 재고를 관리해야 한다. 어느 한 부분을 약간 손보거나 다른 무언가의 위치만 이리저리 바꾸는 식이 아니라 제대로 해야 한다. 분명히 뭔가 잘못되어 있기 때문이다. 그렇지 않다면 의식적인 태도로 자기 자신을 지킬 수 있었을 것이며, 불쾌한 감정에 올바르게 대처하지 못하고 고함을 치는 등의 파괴적인 전략을 쓰는 일도 일어나지 않았을 것이다. 성장을 방해하는 낡고 굳어진 껍데기를 깨고 나오는 것은 의미가 있는 일이다.

훌륭한 '양육'을 논함에 있어 이 책은 아이가 아닌 부모의 행동방식을 중요하게 여긴다. 때문에 당신이 아이의 행동방식을 변화시키는 비결을 알고 싶어 이 책을 선택했다면 실망하게 될 것이다. 당신의 아이는 이미 지금의 모습으로 존재하고 있다. 당신이 기대하는 모습과 부합하지 않을 수 있겠지만 그건 중요하지 않다. 새로이 어떻게 되어야 하는 쪽은 아이가 아니라 당신이다. 의식적인 부모 되기란 아이를 아이 자신이지 못하게 가로막는 것이 아니라 당신을 당신 자신에게로 이끌어가는 일이다.

> 당신의 아이는 이미 지금의 모습으로 존재하고 있다.

부모가 되고 아이가 삶에 등장하면서 당신은 가슴과 머리 사이에서 이리저리 흔들릴 것이다. 어떻게 행동할 것인가? 어떻게 결정할 것인가? 지금 이 상황에서 옳은 것은 무엇일까? 반드시 해야 하는 것, 하는 편이 좋은 것, 할 수 있는 것, 그리고 해서는 안 되거나 할 수 없는 것은 무엇인가? 이때 명심해야 할 것은, 아이는 '미니미Mini-Me', 즉 나의 어린아이 버전이 아니라 나름의 정신과 인격을 갖춘 개인이라는 사실이다. 즉 지극히 의식적으로 당신이라는 한 개인을 자녀들과 분리해서 바라보아야 한다. 아이는 부모에게 종속된 존재도 아니고 소유물도 아니다. 이를 마음 깊이 새길 때 당신은 아이들이 필요로 하는 동반자가 될 수 있으며, 당신이 필요하다고 판단하는 바에 맞추어 아이를 이리저리 빚거나 억지로 잡아끌지 않게 된다.

대부분의 부모들은 아이에게 '가장 좋은 것'을 해주고 싶어 한다. 물론 그렇지 않은 부모들도 있겠지만 이 책에서는 진심으로 자녀에 관해 고민하는 부모들을 향해 이야기를 전하고자 한다. 당신도 그중 한 명이다. 그런데 아이에게 가장 좋은 것을 해주려 노력하는 과정에서 중요한 무언가를 간과할 수 있다. 온전한 자기 자신, 독립적인 인간으로 존재하며 자신의 특성과 정신에 맞는 삶을 영위할 아이의 권리가 그것이다.

의식적이고 애정 어린 태도로 아이의 길에 동행하고자 한다면 부모 자신은 깊이 묻어두길 권한다. 그렇지 않으면 당신이 수면 위로 드러난다. 이는 당신으로 하여금 동행의 품질을 높이고 성공적인 부모-자녀 관계를 꾸리기 위해 변화시켜야 할 일에 착수하기는커녕 그것을 볼 수조차 없게 만든다. 당신이 원하는 방식대로 살고 사랑하지 못하도록 방해하는 것이 무엇인지, 그리고 누구인지 파악해야만 당신은 부담을 덜어낼 수 있다. 여기서 핵심은, 해결책에 초점을 맞추고 평화와 신뢰에 바탕을 둔 행동방식에 도달하는 일이다.

당신에게 스트레스를 주고 에너지를 앗아가는 것이 무엇인지 살펴보라. 이 고민을 하다 보면 얼마 지나지 않아 자녀의 얼굴이 떠오를 것이다. 주방을 난장판으로 만들어놓는 아이, 잠을 자지 않겠다고 버티며 두 시간 넘게 실랑이를 벌이는 아이, 바디로션을 거실 바닥에 온통 칠해놓는 아이. 그래서 본론으로 들어가기 전에 한 가지 기본 전제를 명시하고자 한다. 당신의 기분이 어떠하든, 당신이 어떤 행동을 하든, 그것은 자녀와 하등의 관계도 없는 일이다. 아이가 그릇을 흘러넘치게 만드는 한 방울의 물일 수는 있어도 그릇이 그만큼 차도록 내버려둔 책임은 당신에게 있다. 다시 말해, 당신이 그리는 상에 맞도록 자녀를 변화시키는 일은 엄마로서 당신이 해야 할 과제가 아니다. 그러면 어디에 초점을 맞춰야 할까? 어디서부터 시작해야 할까? 무엇을 탐구해야 할까?

탐구 대상은, 사랑과 행복에 관한 당신의 관념, '이건 반드시 이래야 해'라는 강박, 자신과 타인에게 거는 높은 기대, 성공의 개념, 직업, 시간 관리, 혹은 인간관계가 될 수도 있다. 한숨 돌릴 여유를 찾으려면 구체적으로 무엇을 변화시켜야 하는가? 당신은 얼마나 많은 의무를 짊어지고 있는가? 그것이 정말로 해야 하는 일이 맞는가?

당신의 자원을 지나치게 소모시키는 모든 것에 능동적으로 대처하는 것이 당신이 할 일이다. 그렇지 않으면 모든 자원이 고갈되어 아이가 또다시 분노를 폭발시킬 때 사용할 것이 남아 있지 않게 된다. 그러면 모기를 코끼리만 하게 부풀리게 될지도 모른다. 새로운 것, 미지의 것에 대한 두려움도 이에 가세할 수 있는데, 두려움 자체는 문제가 되지 않지만 그에 의해 조종당하는 일은 피해야 한다.

당신은 모든 것을 변화시킬 수는 없지만 많은 것을 변화시킬 수는 있다. 상황을 변화시키기가 불가능하다면 '어쩔 수 없지! 이제부터는 내가 적극적으로 대응해야 해!'라는 마음을 먹어라. 난관을 의식적으로 받아들이는 것이다.

의식적으로 삶을 디자인하려면 '나는 어떻게 살고자 하는가?'라는 질문을 끊임없이 던져야 한다. 이 물음에 솔직하고 사려 깊은 대답을 내놓는 일은 매우 어려울 수 있다. 많은 사람들이 어렸을 때부터 서서히 자기 의지를 단념하도록 '훈련되었다'는 점도 무시할 수 없는 이유 중 하나다. 그 이면에 반드시 악의가 숨어 있었다고 할 수는 없다. 지난 수십 년 간 이어진 보편적인 양육 방식이었을 뿐이다. 그러나 이제 엄마로서 당신은 자신의 의지를 되찾는 동시에 아이의 의지를 존중해 주어야 한다. '의지를 존중한다'는 말이 아이가 원하는 것을 모두 들어주라는 뜻은 아니다. 그보다는 타인의 의지가 당신의 것과 다르더라도 참고 수용하며 그저 '그렇게' 두라는 의미다.

이 책이 그리고 있는 그림의 스케일이 꽤 크다는 것을 잘 안다. 그러나 스트레스 상황에서 곧바로 활용할 수 있는 단순한 조언이나 비법을 제공하는 것은 수박 겉핥기일 뿐이다. 그렇게 해서는 근본적인 변화를 이끌어낼 수 없다. 변화를 위해서는 내면으로 시선을 돌리고 자기 자신과 대면해야 한다. 자신과의 대면이란 있는 그대로의 자신을 바라보며 자신이 어떻게 행동하고 있는지 성찰하는 일이다. '내가 지금 무엇을 하고 있는가? 나는 이렇게 하고 싶은가? 내 태도는 어떠한가? 그것을 변화시키는 일이 어째서 이렇게 힘든가? 두려움이 없다면 나는 어떻게 행동했을 것인가? 모든 기대들로부터 자유로워지기 위해 내가 치러야 할 대가는 무엇인가? 나는 진정 그 대가를 치를 준비가 되어 있는가?'

자기 자신과 행동에 대해 온전히 책임지고 새로운 결정을 내리기 위해서는 이런 고민이 필수적이다. 누가, 혹은 무엇이 어떻게 당신을 빚어내고 변형시켰

> 변화를 위해서는 내 면으로 시선을 돌리고 자기 자신과 대면해야 한다.

는지 파악하고 이를 직시하기 위해 외부로 과감히 시선을 돌릴 필요도 있다. 과거에 대한 미화를 멈추고 과거의 경험들이 지금까지 당신에게 미치는 영향도 직시해야 한다. 당신의 가족 또는 당신이 태어날 무렵까지만 해도 '정상적인' 것으로 간주되었던 무언가가 당신에게는 유익하지 못했을 가능성도 있다.

현실을 그대로 수용하거나 오랫동안 이어져 온 방식들만 사용하는 것은 자동제어장치에 스스로를 내맡기는 것이나 마찬가지다. 터져 나오는 분노를 막으려 깡충깡충 뛰거나 노래를 부르거나 열부터 거꾸로 숫자를 세는 엄마들도 칭찬받아 마땅하지만 엄마이자 여자로서 의식적인 삶을 누리려면 그에 앞서 삶의 조건을 전체적인 시야로 조망하는 일이 반드시 필요하다.

이 책은 크게 두 가지를 다루고 있다. 먼저 부모들에게서 분노와 그 밖의 강한 부정적 감정을 일으키는 상황들을 살펴볼 것이다. 난관에 부닥쳤을 때 활용할 수 있는 다양한 자극제도 제공할 것이다. 말하자면 공구상자인 셈인데, 그것을 사용할 기술자는 바로 당신이다. 자극제

중에는 성찰하는 방법을 담은 설명서를 비롯해 당신의 신체와 새로이 연결고리를 맺을 수 있도록 도와줄 유용한 도구들도 포함되어 있다. 스트레스 상황에서 가장 먼저 잃어버리는 것이 바로 이 연결고리이기 때문이다. 연결고리를 되찾았다면 '스톱'을 외치고 다시금 현재에 집중하는 일이 필요하다.

그런 다음 삶의 조건과 인간관계로 시선을 돌릴 것이다. 예컨대 당신에게 영향을 미친 경험과 사람들에 관해 생각해 볼 기회를 갖는다. 이때 당신이 찾는 대답이 바로 이곳에 있지 않은가라는 질문이 불가피하게 대두된다. 스트레스를 받는 상황에서 내면의 아이가 당신보다 더 크게 아우성을 치면 자녀를 다정하게 대하는 일이 어려울 수밖에 없다. 생애 초기의 강력한 경험, 트라우마가 된 경험은 몸속에 깊이 저장되어 잊히지 않는다. 게다가 자녀를 키우다 보면 그처럼 깊이 각인되어 있던 것을 다시금 수면 위로 끄집어내는 트리거(trigger, 생각과 행동을 변화시키는 심리적 자극_역자 주)가 수도 없이 당겨진다.

당신의 현재 관계 또한 조명할 것이다. 당신은 배우자를 어떻게 대하는가? 두 사람이 팀을 이루어 협동하는가? 당신이 사람들과 어울리는 이유는 진정 스스로 원해서인가, 아니면 의무감 때문인가? 당신은 '에너지 흡혈귀'를 키우고 있지 않은가? 이 책은 능동적인 관계 맺기가 어떤 것이며, 이에 필요한 것은 무엇인지 당신에게 보여주려고 한다. 당신이 "아니오"라고 말하고 싶을 때 단호히 "아니오"라고 말할 수 있는지도 검토해 볼 것이다.

스트레스와 분노를 비롯한 강한 감정이 엄습할 때 애정 어린 태도와 여유를 잃지 않으려면 이처럼 전체적인 조망이 필요하다. 감정에 압도당하지 않고 의식적으로 대처하기 위해서라고 하는 편이 더 정확할 수도 있다. 일단 위기가 닥치고 나면 당신의 행동반경은 급속히 제로(0)에 가까워지기 때문이다. 삶의 재고 관리가 필요한 이유도 여기에 있다. 오직 당신의 안녕이 보장될 때 아이도 진정 행복할 수 있으니 먼저 스스로를 보살펴라. 당신이 중요하다. 개인적 안녕을 최우선 과제로 삼아라. 이는 이기주의가 아니라 필수 요건이다.

> 오직 당신의 안녕이 보장될 때 아이도 진정 행복할 수 있다.

이 책이 그리는 목표는 하루아침에 달성될 수 있는 것이 아니다. 이룰 수 있다는 보장도 없다. 당신이 살아가며 취하게 되는 의식적인 태도는 무의식으로부터 비롯된다. 당신이 걷는 길, 가고자 하는 과정이 중요한 이유이기도 하다.

이 책에는 당신에게 실제로 도움이 되고 효과를 발휘할 만한 방법들이 담겨 있다. 그중에서 당신에게 맞는 것을 활용하면 된다. 이를 당신의 것으로 만들고 만족스러울 때까지 익혀라.

당신을 거북하게 만드는 요소들도 포함되어 있다. 이제부터 당신은 자녀나 부모, 배우자 등을 우선순위에 두고 그들의 기분을 맞춰주려 애쓰는 일을 그만두어야 한다. 그 대신 애정 어린 마음으로 자기 자신을 관찰하며 스스로에게 너그러운 피드백을 전달해야 한다. 실수를 허용하고 그로부터 배움을 얻어야 한다. 자기 자신에게 몰두하기 위해 혼자만의 시간, 자신을 위한 시간을 낼 필요도 있다.

부모가 된다는 것은 한 발 한 발 걸으면서 다져나가는 하나의 길이

자 과정이다. 부모로서의 삶과 인간관계는 실천하는 과정을 통해 학습된다. 이 책을 읽는 일도 그 과정의 일부다. 자녀와 나란히 이 길을 걷다 보면 그들 또한 당신을 통해 자연스럽게 삶을 배우게 된다. 더불어 자신만의 길을 찾아낼 수 있을 것이다. 당신이 본보기를 보여준 덕분에 아이들은 당신보다 훨씬 더 빠른 속도로 당신을 뛰어넘어 성장할 수 있을 것이다.

이 책을 활용하는 법

이 책에는 "나를 사용하라!"라는 외침이 담겨 있다. 당신은 여기에 담긴 수많은 자극제와 사례, 생각과 훈련법에 관해 사색하고 성찰해야 한다. 이 책이 당신의 믿음직한 동반자가 되어 주기를 희망한다. 이 책을 읽기 전에 필요한 준비물과 마음가짐을 소개한다.

• 연필이나 펜을 준비하라. 나중에 대답을 고쳐 쓸 가능성도 있으므로 연필을 추천한다. 책에 직접 기록하는 것을 좋아하지 않는다면 수첩을 준비하는 것도 괜찮다.
• 열린 마음을 가져라. 책의 내용을 비판적으로 검토하고 모든 것에 의문을 품어라. 이 책은 당신이 지극히 개인적인 대답을 찾도록 독려하려고 한다.
• 이 책에 실린 자극제들을 이해하는 데 시간을 투자하라. 이 책은

당신이 어려움 없이 내용을 파악할 수 있도록 이해하기 쉽게 설명했으며 부가 설명도 충분히 곁들였다. 관계의 역동성이나 인간의 뇌에 관한 내용도 마찬가지다.

삶은 만남으로 넘쳐난다. 이 책은 기나긴 여정의 작은 퍼즐 조각에 불과하다. 여기에 경험과 가치관을 담아 당신에게 전하려 한다. 이 책을 통해 독서의 즐거움과 유익한 깨달음을 얻기를 기대한다.

1장

무엇이 당신을 화나게 하는가?

당신의 감정을 요동치게 하는 일이 벌어지고 있다면
이를 정확하게 직시해야 한다.
그러기 위해서는 '잘못'을 아이에게서 찾을 것이 아니라
당신의 내면에서 찾아야 한다.

나는 왜 내 감정과 싸우는가?

아이도 때로는 어른과 부대끼는 일이 쉽지만은 않을 것이다. 세상에는 볼거리, 배울 거리, 발견할 거리들이 넘쳐난다. 하지만 아이의 탐구심과 바람이 언제나 부모의 생각이나 계획과 들어맞는 것은 아니다. 기본적으로 느긋하고 자기 자신에 관해 잘 알며 자주적인 삶을 누리는 부모일수록 자신과 아이 모두에게 유익하거나 적어도 그럭저럭 받아들일 만한 해결책을 찾아내기가 쉽다.

자유로운 직업을 가진 사람은 시간에 큰 제약을 받지 않고, 업무 시간도 유연하게 조절할 수 있다. 또 아이가 아직 유치원이나 학교에 다니지 않는다면 이른 아침부터 서두를 필요도 없다. 배우자를 비롯한 주변 사람들의 도움을 받는 것도 가능하다. 물론 이런 요소들이 충족되었다 해도 성취된 삶을 논하기에는 아직 이르다. 하지만 적어도 여러 측면에서 삶이 수월해지는 것은 사실이다.

그러나 많은 가족에게 이는 희망사항일 뿐이다. 여유는커녕 스트레스와 구속에 시달리며 고군분투하는 일이 다반사다. 게다가 순응과 복종이 요구되는 환경에서 성장한 이들도 있을 것이다. 이런 과정에서 자신과의 만남이라는 중요한 연결고리가 상실되었을지도 모른다.

개인적으로 스트레스의 원인이 무엇이든 간에 당신이 짊어져야 하는 압박감과 부담, 그리고 내면에 품고 있는 강렬한 경험으로 인해 인내심의 끈이 끊어져 버리기 쉽다. 당신을 분노하게 하는 일들이 많다 보니 가끔은 아이에게도 당신과의 삶이 고역일 수 있다.

몇몇 엄마들에게 가장 급속히 분노가 치솟는 상황이 언제인지 물었다. 여기에 그들의 대답을 공개한다. 당신의 이야기처럼 느껴지는 부분도 있을 것이다. 자신에게 해당되는 문항에 표시하거나 새로운 문항을 추가해도 좋다.

무엇이 나를 화나게 하는가?

나는 이럴 때 화가 난다.

☐ 아이가 장난감을 던질 때
☐ 아이가 소리를 지를 때
☐ 아이가 음식을 가지고 장난칠 때

□ 내게 중요한 무언가를 아이가 망가뜨렸을 때

□ 아이가 정리정돈을 하지 않고 산만하다고 느껴질 때

□ 아이가 한 가지 일에 지나치게 파고들 때

□ 나를 때리는 아이에게 그만두라고 말해도 듣지 않을 때

□ 아이가 자동차 안에서 가만히 앉아 있지 않을 때

□ 아이가 온갖 수단을 동원해 가며 잠을 거부할 때

□ 아이가 내 얼굴을 때릴 때

□ 아이가 내게 거짓말을 할 때

□ 아이가 고마워할 줄 모를 때

□ 아이가 전혀 타협에 응하지 않을 때

□ 상냥하게 부탁해도 아이가 말을 듣지 않을 때

□ 아이가 음식을 해 달라고 해 놓고 먹지 않을 때

□ 아이가 쉴 새 없이 "엄마, 엄마, 엄마!" 하고 부를 때

□ 아이가 싸움을 벌일 때

□ 두 아이가 동시에 내게 뭔가를 요구할 때

□ 큰 아이가 작은 아이를 때릴 때

□ 남편이 나를 대수롭지 않게 여길 때

□ 남편이 나를 설득하려 들 때

□ 누군가 내게 "왜 그리 느긋하지 못하느냐"고 핀잔을 줄 때

□ 여러 사람들이 동시에 나를 들볶을 때

□ 아무도 내 말을 들어주지 않을 때

□ 누군가 나를 휘두르려 들 때

□ 누군가 내게 부당한 것을 기대할 때

□ 피곤할 때

□ 배고플 때

□ 무시당했을 때

□ 누군가가 내게 소리를 지를 때

□ 기계처럼 움직여야 할 때

□ 주변이 너무 소란스러울 때

□ 몸과 마음이 편하지 않을 때

□ 도움을 청할 곳이 없는 상태에서 과도한 부담에 시달릴 때

□ 동시에 여러 가지 일을 수행해야 할 때

□ 남이 나를 봐주지 않을 때

□ 나를 위한 시간이 턱없이 부족할 때

□ 뭔가가 계획대로 되지 않을 때

□ 기대했던 일이 물거품이 될 때

□ 내 노력의 가치를 인정받지 못할 때

□ 조용히 쉴 곳이 마땅치 않을 때

□ 어떤 말을 수없이 반복했음에도 상대방이 듣지 않을 때

□ 생각이 많아 머릿속이 어지러울 때

□ 시어머니와 시간을 보내야 할 때

□ 아무리 노력해도 부족할 때

□ 할 수 있는 것은 다 해봐도 소용이 없을 때

이 외에 당신이 추가하고 싶은 내용을 추가하라.

_____

_____

_____

_____

이제 무엇이 당신을 화나게 만드는지 명확히 파악했을 것이다. 여기서 스스로에게 가장 먼저 던져야 할 질문은 '왜?'이다. 왜 그것이 당신을 화나게 하는가? 왜 당신의 트리거가 당겨졌는가? 계속해서 성찰해보라. 곧바로 몇 가지 해결책이 떠올랐다면 그야말로 반가운 일이다.

나는 왜 화가 나는가?

- 나는 _____ 할 때 화가 난다.
- 이 상황에서 _____ 하게 될 것에 대한 걱정, 기대, 바람, 두려움 때문이다.
- 이 순간 나 스스로를 위해 바라는 점은 이것이다: _____
- 나는 스스로를 돌보거나 이를 가능하게 하기 위해 이것을 할 수 있다: _____

다음 문항에서는 자신의 욕구와 그것을 충족시키는 일의 중요성이 뚜렷이 드러난다.

- 나는 배고플 때 화가 난다.
- 나는 피곤할 때 화가 난다.
- 나는 몸과 마음이 편하지 않을 때 화가 난다.

피곤하거나 배가 고프면 의식적이고 이성적인 태도를 유지하기가 매우 어렵다. 그래서 모기만 한 것을 코끼리만 하게 부풀려서 보게 된다. 그러니 잠을 자거나 무언가를 먹어야 한다. 매우 단순하게 들리겠지만 바로 여기에 의식적인 부모 되기의 핵심이 숨어 있다. 성인으로서 당신이 당신의 욕구 충족에 책임을 진다는 사실이 바로 그것이다. 굉장히 중요한 말이다.

당신과 당신의 안위를 최우선에 두어라. 당신의 우선순위를 검토해 보라. 혹시 당신은 지금 당신의 안위보다 다른 사람의 안위를 앞세우고 있지는 않는가?

타인도 나를 화나게 만드는가?

나만의 '분노 목록'을 토대로 친밀한 관계에 있는 사람들에게 거는 것과는 다른 바람과 기대, 두려움을 아이에게 걸고 있지는 않은지 생각해 보라. 질문의 주어를 '아이'에서 '배우자'나 '부모'로 대체할 경우에도 화가 나는가? '가장 친한 친구'인 경우는 어떤가? 예컨대 다음과 같은 경우는 어떤가?

- 나는 남편이 음식을 해 달라고 하고 먹지 않을 때 화가 난다.
- 나는 어머니가 한 가지 일에 지나치게 파고들 때 화가 난다.
- 나는 _____ 할 때 화가 난다.

필요한 경우 이런 문장을 여러 개 적어두고 그에 관해 곰곰이 생각해 보라.

위의 질문들에 대한 답을 내놓은 엄마들에게서는 한 가지 공통점이 발견된다. 당면한 상황을 분석하고 해결책을 모색하기보다는 현실, 즉 그 순간에 이미 벌어져 있는 일에 분노하며 맞서 '싸우려' 든다는 점이다. 미래에 대한 두려움이나 과거(자신의 유년기)에 일어났던 일이 반복될지도 모른다는 두려움 역시 다수의 대답에 반영된다.

또 다른 대답에는 이루지 못한 기대와 엄마의 안위를 위해 아이들이 이러저러하게 행동해야 한다는 요구도 엿보인다. 이는 감정의 혼합, 다시 말해 '내가 안녕하려면 너는 반드시 무엇 무엇을 해야 한다'를 모토로 한 감정적 종속의 증거이기도 하다.

- 나는 내 아이가 정리정돈을 하지 않고 너무 산만하다고 느낄 때 화가 난다.
- 나는 아무도 내 말을 들어주지 않을 때 화가 난다.
- 나는 아무리 노력해도 부족하다고 느낄 때 화가 난다.

부모의 마음이 편안하려면 아이들이 변해야 하는 걸까? 아닐 것이다. 이는 해결책이 될 수 없다. 당신 스스로를 강화시키고 스스로 안위를 책임져야 한다. 자기 안위를 타인의 손에 맡겨서는 안 된다. 이 책임을 자녀에게 떠맡기는 행동은 아이의 감정적 발달과 안위에 악영향을 미친다.

당신은 공격성을 심신이 편안하지 못하다는 징후로 간주해야 한다. 상태를 개선하려면 어떻게 해야 할까? 어른으로서 당신이 할 수 있는 일은 무엇일까? 예컨대 어린 자녀가 셋이나 되어 아이 재우는 일이 고역이라면 배우자라든지 다른 누군가에게 도움을 청해 보라. 이는 한 가지 문제에 대한 한 가지 해결책이다. 당신을 괴롭히는 개인적 부담이 무엇이든 간에 상황을 변화시키는 데 꼭 필요한 것은 다 찾아내라. 구체적으로 무엇이 위기를 전환시킬 수 있는가?

> 나를 강화시키고 나의 안위를 책임지는 것은 바로 나다.

누군가 당신에게 "왜 그리 느긋하지 못한 거죠?"라고 핀잔을 주거나 부당한 기대를 할 때 화가 나는가? 두 가지 모두 불쾌한 상황임에 틀림없다. 주변 사람들의 이런 행동 때문에 불쾌하다면 이 기회를 틈타 "나도 내 아이에게 같은 기대를 걸고 있는 건 아닌가?"라고 자문해 보라. 그리고 그 기대를 내려놓아라. 당신에게 그런 식으로 행동하는 사람들은 선을 넘은 것이다. 이는 분노를 유발하는 데 그치지 않고 사람을 지치게 만들며, 당신이 당신의 자녀나 다른 사람들과 맺고 있는 관계에 해가 될 수 있다.

감정에 관해 자세히 다루기에 앞서 목록에 제시된 분노 촉발 원인들
을 조금 더 파헤치려고 한다. 그중에서도 다음의 두 가지 트리거는 매
우 유사해 보이지만 사실은 근본적으로 다르다.

- 나는 나를 때리는 아이에게 그만두라고 말해도 듣지 않을 때 화
가 난다.
- 나는 상냥하게 부탁해도 아이가 말을 듣지 않을 때 화가 난다.

아이가 당신을 때리는 이유는 그것이 그 순간 아이에게 주어진 유일
한 표현 방법이기 때문이다. 아이에게는 다른 대안이 없기 때문에 이
상황에서 아이에게 그만두라고 말하는 것은 의미가 없다. 우선 두 사

람의 안전을 확보한 뒤에 아이의 행동을 어떻게 해석할 수 있는지 고민해 보라. 아이는 당신에게 화가 난 것인가, 아니면 다른 누군가에게 화가 난 것인가? 아이의 경계선이 침범당한 것은 아닌가? 그렇다면 누구에 의해서인가? 당신은 이때 그저 피뢰침 역할을 하고 있는 게 아닌가?

상냥하게 부탁했음에도 아이가 당신 말을 따르지 않는다면 아이는 남의 부탁에 "예" 아니면 "아니오"로 응답하는 방법밖에 배우지 못했을 것이며, 이때는 '아니오'를 선택한 셈이다. 반면에 당신은 부탁을 가장한 복종을 강요하고 있다. 쓴 약은 설탕을 섞어도 쓴 법이라 아이는 삼키기를 거부하는 것이다. 기대하는 당신의 태도 역시 재검토해야 한다. 주어 자리에 아이가 아닌 다른 사람을 대입해 보라. '나는 가장 친한 친구가 내 말을 듣지 않을 때 화가 난다.' 당신에게는 친구에게 복종

보스와 리더: 아이들에게는 부모가 보스로 군림하며 명령을 내리는가, 아니면 애정 어린 태도로 앞장서 이끌어주는가가 엄청난 차이로 다가온다. 당신의 자녀는 당신을 따르는가? 당신은 당신이 가려고 하는 방향을 제대로 알고 있는가?

을 강요할 권리가 있는가? 아니다. 그러면 아이에게는 어째서 그런 강요를 하는 것인가? 평등한 존엄성을 실천하고 아이의 눈높이에 맞추어 동행해 주는 일에 복종을 강요하는 태도가 들어설 자리는 없다. 이는 무척이나 어려운 일일 수 있다. 당신의 유년기에는 존재하지 않았던 새로운 방식으로 아이를 대하는 법을 배워야 하기 때문이다. 이제는 아이 스스로 당신을 따를 수 있도록 이끌어주는 방식을 수정하고 대안을 모색해야 한다.

소리 지르기와 감정 억누르기의 공통점

이제부터 주잔네가 딸 소피를 어떻게 대하는지 살펴보자.

주잔네가 직장으로 복귀하면서 세 살배기 소피도 얼마 전부터 유치원에 다니고 있다. 한편으로는 직장생활과 가정생활이 균형을 이루게 되어 좋지만, 고정된 근무 시간과 추가로 발생하는 업무, 아침 일찍 일어나는 일, 업무로 인한 스트레스는 그와 아이 모두에게 큰 부담이다.

사례: 주잔네와 소피

지금껏 소피는 느긋하게 아침 식사를 마치고 엄마인 주잔네와 책을 읽거나 만들기를 하는 데 익숙해져 있었다. 간혹 엄마가 커피 한 잔을 즐기는 동안에는 텔레비전을 보기도 했다.

이제 일주일 중 5일은 전혀 다른 아침 풍경이 연출된다. 모든

게 바쁘게 돌아간다. 잠자리에서 일어나는 일("오늘은 엄마가 오래 안아줄 수 없어. 빨리 나가야 해!"), 아침 식사("빨리 먹자. 밥을 가지고 나갈 수는 없잖니!"), 양치질("안 돼, 싫어도 해야 해. 안 그러면 충치가 치아를 다 갉아먹을 거야!"), 옷 입는 일("스웨터가 파란색이면 어떻고 초록색이면 어 떠니. 그냥 아무거나 입어!"), 화장실에 가는 일("지금 가야 해. 안 그러면 차에서 급하다고 할 거잖니!")까지 급하게 준비를 마친 뒤 집을 나선 다. 다행히 소피는 크게 불평하지 않고 말을 듣는다. 그러나 신 발을 신는 순간 결국 한계가 찾아왔다. 운동화가 아니라 샌들 을 신고 싶다고 조른 것이다. 지금껏 시키는 대로 다 했잖은가!

이미 지각인 주잔네는 스트레스가 이만저만 아니다. 늦어도 20분 내에는 유치원에 도착해야 한다. 머릿속으로 시간을 계 산해 본다. '유치원까지 가는 데 얼마나 걸리더라? 참, 주차할 곳도 찾아야 하지.'

순간 소피의 목소리에 정신이 퍼뜩 든다.

"싫어! 싫다고! 안 해!"

주잔네는 꾹 참으면서 대답한다.

"샌들을 신기에는 날이 너무 추워! 빨리 운동화 신자! 아니 다, 엄마가 신겨 줄게!"

주잔네가 신발 한 짝을 들어 소피의 발에 손을 대는 순간 소 피가 또다시 소리를 지른다.

"싫어! 내가 할 거야!"

주잔네는 신발로 바닥을 쾅 내리치며 소리를 지른다.

"그럼 맨발로 가! 도대체 뭐 하자는 거니? 엄마 혼자 갈 거야!"

소피는 깜짝 놀라 울음을 터뜨린다. 주잔네는 획 돌아서서 문을 나서며 큰 소리로 "고집불통인 너 때문에 못 살겠다"는 말을 내뱉는다. 자신의 행동을 자각하기는커녕 아이가 듣는 자리에서 상처 주는 말을 내뱉고 있다는 것도 깨닫지 못한다.

얼마 안 가 정신을 차리고 나서야 주잔네는 방금 자신이 어떤 일을 저질렀는지 깨닫고, 어마어마한 죄책감에 시달린다. 소리를 지르다니! 엄마로서 해서는 안 될 일이었다. 그는 아이를 사랑한다. 그러나 걷잡을 수 없이 화가 치밀어 오르는 순간이 너무나 자주 찾아온다. 그럴 때면 거친 파도에 휩쓸리는 듯한 기분이다.

이번에는 엘리자와 그의 다섯 살배기 아들 막스의 사례를 통해 건강하지 못한 감정 조절이 어떤 형태로 표출되는지 살펴보자.

엘리자는 늘 좋은 엄마가 되기 위해 애쓰고 있다. 아동교육 상담사로 근무하는 유치원에서도 아이들에게 아낌없는 애정을 쏟고 있다. 엄마가 된 후로는 아들에게 아낌없이 사랑을 주며 "너는 있는 그대로 훌륭한 존재야"라는 말을 자주 하고, 아이의 존재를 인정해 준다. 아이의 의지와 온전한 자아를 지켜주고 아이의 욕구를 존중하는 데도 심혈을 기울인다. 그러면서도 자신이 뭔가 잘못하고 있는 것은 아닌지 항상 두렵기만 하다.

토요일 아침 여섯 시 삼십 분. 막스가 침실로 들어와 엄마 아빠 곁에 눕는다. 엘리자는 잠에 취해 한숨을 쉬면서도 이렇게 말한다.

"이리 오렴. 주말이니 엄마랑 안고 조금 더 자자꾸나!"

침대가 좁아지자 남편 에릭은 아침 식사를 준비하기 위해 자리를 뜬다. 엘리자는 좀 더 누워 있고 싶다. 하지만 놀고 싶은 막스가 엘리자의 어깨를 붙잡고 마구 흔든다.

"엄마, 일어나요!"

엘리자는 심호흡을 하고 대답한다.

"조금만 더 쉬자, 막스."

막스는 들은 체도 하지 않고 졸라댄다.

"엄마, 엄마, 엄마……."

엘리자는 눈을 꽉 감는다. 막스는 점점 목소리를 높이며 심하게 보챈다. 급기야는 침대에 가로누워 두 발로 엘리자를 침대 가장자리로 밀어내려고 한다.

"일어나요! 일어나라니까요!"

아이는 이제 박자까지 맞춰 가며 엘리자의 허리를 발로 차고 있다. 엘리자는 울고 싶다. 속이 부글부글 끓어오르면서 머릿속이 어지럽지만 평정을 잃지 않으려 애쓴다. 아이의 욕구를 존중하는 육아에 관한 온갖 글들이 머릿속을 스쳐간다.

'막스는 그저 나와 놀고 싶은 거야. 이것도 아이의 욕구야.

그런데 감당이 안 돼! 이런 생각해서는 안 되는데……. 참아야 해! 심호흡을 하자, 심호흡! 아프게 때리기까지 하다니! 멱살을 잡고 흔들어 줄까 보다! 안 돼, 심호흡을 해야 해!'

막스는 계속해서 그를 차댄다. 엘리자는 그냥 참는다.

무슨 일이 벌어지고 있는가? 막스는 나름의 방식으로 엄마의 진심 어린 피드백을 기다리는 것으로 보인다. 마치 "엄마, 거기 있어요?"라고 묻는 듯하다. 엘리자가 반응이 없으니 어쩌겠는가? 막스의 입장에서는 자신이 어떤 영향력을 발휘할 수 있는지 확인하고 싶다. 자신의 행동이 엄마에게 무엇을 유발시키는지도 궁금하다. 그러나 엘리자는 잘못을 저지르고 싶지 않다. 이미 갈등에 엮여들었음에도 갈등을 일으킬까 두려운 것이다. 섣불리 반응했다가 아들과의 관계를 망치게 될까 봐 움츠리고 있지만, '죽은 듯이' 있는 것도 반응의 일종임을 그는 깨닫지 못한다. 그래서 치솟는 분노를 삼킬 뿐이다. 그리고 어떻게든 억누르는 데 성공한다. 분노를 거부하는 셈이다. 이렇게 자기감정과 당면한 순간으로부터, 그리고 막스로부터 스스로를 차단한다.

아마도 엘리자는 어린 시절에 가족들 틈에서 '살아남기' 위해 뭔가를 느끼거나 원하는 것을 최대한 억눌러야 했을지도 모른다. 분노나 화를 표출했다가 벌을 받고 자기 인격에서 이 부분을 죽은 가지처럼 잘라내 버렸을 것이다. 그리고는 이것을 작은 상자에 담아 어두컴컴한 지하실에서도 가장 후미진 구석의 찬장에 넣고 굳게 잠가버린 채 지금껏 살아왔을 것이다.

자녀의 행동을 마냥 참아주는 것이 아니라 그에 적절히 반응해야 한다.

이곳에는 그가 지금껏 살아오며 남들에게 소속되고 사랑받기 위해 포기해야 했던 인격의 파편들이 보관되어 있다. 그런데 막스가 엘리자로 하여금 지하실의 열쇠를 찾아 문을 열고는 자기보호라는 손전등으로 지하실을 비추며 그때 그 상자들을 꺼내라고 자극하고 있다.

아이는 엘리자가 다시금 자기 자신과 다른 모든 것들을 느낄 수 있도록 도우려 한다. 예스퍼 율의 표현을 빌리자면 막스는 '협조'하고 있는 셈이다. 엄마를 미치게 만들고 신경을 긁어대다가 마침내 화산이 폭발하면 비로소 막스의 긴장도 풀어진다. 그러나 엘리자가 자기 자신을 제대로 돌아보지 않는다면 이 '게임'은 무한 반복된다. 중요한 것은, 자녀의 행동을 마냥 참아주는 것이 아니라 적절히 그에 반응하는 것이다.

자녀의 협조

예스퍼 율이 말한 자녀의 협조란 아이들이 부모의 행동에 반응함으로써 문제점이나 은폐된 것, 무의식적인 것, 껄끄러운 것을 암시한다는 의미다. "나는 당신이 살아가는 방식에 반응하고 그에 나를 맞출 것이다. 당신을 모방하고 당신과 똑같이 스트레스를 받거나, 그와 상반되게 행동하고 당신에게 더 이상의 스트레스를 주지 않기 위해 나의 내면으로 숨을 것이다."

두 가지 모두 아이 자신에게서 비롯된 행동이나 삶의 방식이 아닌 부모의 행동에 대한 반응이다.

아이들은 문제가 있을 때 행동을 통해 암시한다. 이 문제는 직접적인 상황과 관련된 것일 수 있는데, 가령 아이들은 소피가 그랬듯 자신이 과도하게 협조한다고 느끼면 그로부터 벗어나고 싶어 한다. 막스는 그저 기분이 좋지 않아 몸부림을 치다가 뜻하지 않게 엄마를 찬 것일지도 모른다. 세상에 늘 기분 좋고 느긋하고 너그러울 수 있는 사람은 없기 때문이다 그러니 아이들이 그럴 거라고 단정 짓거나 아이에게 이를 강요해서는 안 된다.

그러나 갈등이 계속 반복된다면 이는 '건전하지 못한 갈등'일 수 있다. 갈등은 일상에서 벌어지지만 그 원인은 일상이 아닌 다른 곳에 있을 수 있다. 다시 말해 신발을 신을 때마다 실랑이를 벌인다고 해서 신발이 문제인 것은 아니다. 마찬가지로 양치질을 할 때마다 소란이 벌어진다 해서 양치질 자체를 문제 삼을 수는 없다. 다른 어딘가에 불편한 무언가가 있는 것이다. 이때는 두 가지를 구별하는 일이 중요하다. 일시적으로 에너지가 정체되어 있거나, 지금 무엇을 해야 하는가를 두고 아이와 당신의 생각이 엇갈려서 갈등이 빚어지는 것은 아닌가? 아니면 그보다 심오한 문제가 있는 것은 아닌가? 아이는 분명히 감지하고 있고, 시급히 알리고자 하는 일이지만 당신은 전혀 의식하지 못하는 그런 문제 말이다.

주잔네와 엘리자의 행동은 얼핏 보면 전혀 달라 보이지만 엄밀히 따지면 원인은 하나다. 두 사람 모두 자신의 '불쾌한' 감정에 대처하지 못하고, 스스로에게 주의를 기울이지 않으며, 감정을 견디고 조절하고 의식적으로 행동하지 못한다는 점이 그것이다.

소리를 지르는 억누르든 간에 당신의 감정 조절 장치에 대규모 공사판이 벌어지고 있다면 이제부터 이를 정확히 직시해야 한다. 그러기 위해서는 '잘못'을 아이에게서 찾을 것이 아니라 당신의 내면에서 찾아야 한다. 원인을 찾아냈다면 이제부터 삶을 변화시킬 수 있다. 이것이 한 가지 과제라면 다른 한 가지는 난처한 상황에 처했을 때 곧바로 결정을 내리는 일과 관련이 있다. 오스트리아의 신경학자이자 정신의학자인 빅터 E. 프랭클Viktor E. Frankl은 자극에 어떻게 반응하느냐가 인간으로서의 우리를 결정짓는다고 말했다. 당신은 적절한 시점에 자동제어장치의 스톱 버튼을 누를 수 있는가? 새로운 길을 찾고 진정 스스로를 인지함으로써 지금 무엇을 해야 하는지 의식적으로 결정할 수 있는가?

주잔네는 자신의 몸과 그것이 보내는 신호를 읽는 법을 배워야 한다. 감정이 요동칠 때면 잠시 멈추고 자신의 몸과 만나야 한다. 엘리자역시 자신의 머리가 몸과 연결되어 있음을 상기한 뒤 안전과 '자신과의 연결점'을 확보해야 한다. 이는 신체심리요법 치료사인 토마스 함스Thomas Harms가 고안한 '감정 응급처치'에 등장하는 개념으로, 차분하고 여유롭게 있는 그대로의 자신을 유지하며 자녀의 감정까지 함께 조절해 줄 만큼 충분히 안정된 상태를 가리킨다(이와 관련해서는 뒤에서 자세히 다룰 것이다). 자신과의 연결점이 유지되는 한 위 사례의 두 엄마들은 자기감정이 현재의 상황과 관련이 있는지, 혹은 과거로부터의 울림이 아닌지 제2의 시선으로 검토할 수 있다. 그러나 자동적으로 투쟁 모드 또는 회피 모드로 전환하거나 아예 모른 체할 경우에는 이것이 불가능해진다.

부모가 되었다는 것은 더 이상 자기감정을 억누르거나 타인에게 분출하지 않고 그에 지혜롭게 대응하는 법을 배울 시점이 왔다는 것을 의미한다. 그래야만 비로소 자기 자신과 욕구, 관념, 생각을 표현할 줄 알고 자녀 또한 잘 이끄는 성숙한 동반자가 될 수 있다. 동시에 자녀와의 관계, 자신의 감정, 그리고 감정에 대처하는 일에 스스로 책임을 질 수 있다. 아이들은 어른이 되는 법을 배우기 위해 어른을 필요로 하는 존재다.

> 아이들은 어른이 되는 법을 배우기 위해 어른을 필요로 한다.

미국의 무용가 가브리엘 로스Gabrielle Roth는 주잔네와 엘리자를 비롯한 수많은 엄마들이 감정 조절과 관련해 성취해야 할 상태를 이렇게 표현했다.

"아이의 감정적 반응이 가진 충동성과 순수함을 갖추되 아이들처럼 감정의 폭풍에 휩쓸리지는 않는 것이 우리의 목표다. 철학자 폴 리쾨르Paul Ricœur는 우리의 바람을 '제2의 천진난만함', 다시 말해 지혜와 경험이라는 양분이 가미된 신선한 반응과 충동성으로 표현한다. 이에 다다르려면 감정을 수면 위로 드러내야 하며, 그것을 잘 알고 받아들여야만 한다. 그것이 당신의 삶으로 흘러들게 하라. 진정 우리를 위협하는 것을 두려워하고, 우리의 완전성을 해치는 것에 분노하며, 우리를 상처 주는 것으로 인해 울고 모든 것이 순조로울 때 미소 지을 수 있도록, 그리고 타인의 참된 욕구들을 받아들일 수 있도록 말이다. 그렇게 할 때 당신은 진정 사랑이 무엇인지 이해하게 될 것이다. 사랑은 올바른 방향으로 흐르는 감정적 에너지다. 이것은 감정 전체를 형성하며,

각각의 감정들은 이제 그에 걸맞은 솔직하고 직접적인 방식으로 표현될 수 있다. 사랑할 줄 아는 이는 어른이 된 아이다."

부모가 스스로를 돌보고, 자녀와 눈높이를 맞추어 애정과 존중이 담긴 관계를 맺으며, 자신에게 진정 중요한 것이 무엇인지 수시로 성찰한다면 수많은 갈등과 '드라마'는 애초에 일어나지 않을 것이다. 감정, 바람, 필요를 누군가 알아주고 수용하고 존중해 주기 때문이다. 그러면 거창한 무대나 쇼 없이도 자신을 마음껏 드러내 보일 수 있다. 다시 말해 있는 그대로의 모습으로 존재할 수 있다. 가족 구성원 모두가 최대한 협동하고 서로를 신뢰하며, 그중 성인들이 자신과 타인들을 인지하고 존중해 준다는 점도 이에 기여한다. 가족뿐 아니라 다른 모든 인간관계에도 같은 원칙이 적용된다. 관계란 저절로 기능하는 것이 아니라 가꾸어 나가는 것이다.

> 관계란 저절로 기능하는 것이 아니라 가꾸어 나가는 것이다.

물론 그렇게 된다고 해서 만사가 마냥 아름답고 행복해지는 것은 아니다. 그래도 괜찮다. 갈등은 인격 성장에 중요하며, 감정을 조절하는 법을 배우기 위해서라도 아이들에게는 모든 감정이 허용되어야 한다. 좌절을 견디는 법을 배우는 일은 삶의 핵심이기도 하다.

부모가 갈등을 극복하고 자신의 감정과 대면하는 방식은 자녀에게 본보기가 된다. 당신은 갈등과 감정을 회피하며 숨어 버리는가? 그것을 견디지 못하고 폭발하는가? 아니면 그에 맞서서 해결책을 모색하고 최선의 것을 이끌어내는가?

사랑 받기 위해 감춰둔 나의 진짜 모습

자신이 자녀와의 갈등에서 지금의 방식으로 반응하는 이유를 이해하려면 유년시절에 맺은 관계들을 돌아볼 필요가 있다. 대부분의 사람들은 부모나 친밀한 애착 대상을 통해 '사랑은 어떻게 기능하는가', '사랑은 무엇인가', '사랑을 어떻게 표현하는가'를 배운다. 이때 필요한 것은 설명이 아닌 감정이다. '인간관계를 어떻게 맺는가', '성공과 행복, 만족감은 무엇을 의미하는가', '어떻게 행복해지는가'의 문제에도 같은 원칙이 적용된다.

경험에 의하면, 안타깝게도 현재 우리의 부모 세대 중에는 당시의 보편적이고 '정상적'인 것으로 간주되었던 양육방식에서 벗어나 자신만의 길을 새로이 개척한 이들이 거의 없었다. 즉 이들의 양육 방식에는 명확한 서열이 존재했다. 어른은 결정하고 아이들은 복종하는 것이다. 가장은 가정에서 지켜야 할 것과 하지 말아야 할 것을 결정했다. 가족은 하나의 단위였으며, 개인적 발전을 위한 기회는 거의 주어지지 않았다. 자녀와 성공적이고 진솔하며 애정 어린 관계를 맺는 일보다 아이를 '사회적으로 인정'받는 '좋은' 방향으로 이끄는 것이 더 중요하게 여겨졌다. 그 결과 아이가 '문제 행동'을 할 때마다, 다시 말해 아이의 의지와 생각이 부모의 것과 다를 때마다 아이들에게 벌을 주는 일이 수시로 발생했다. 사랑을 끊어버리거나 공동체로부터 소외시키거나 정신적·신체적 폭력을 행하는 것이 그것이었다.

유년 시절에 특정한 행동 또는 주장을 내세우다가 거부당하고, 사랑

받으려면 그와는 다르게 행동해야 한다는 암시를 받으며 자란 사람은 얼마 안 가 자아의 기저를 이루는 감정이나 그에 상응하는 자아의 일부를 드러내지 않게 된다.

신경생물학자 게랄트 휘터Gerald Hüther는 "인간의 뇌는 '비실용적'인 것으로 증명된 감정들을 서서히 '배제'한다"고 말했다. 현재 삶의 방식을 유지하고 견디기 위해 그런 감정들을 억제해 버리는 것이다. 휘터는 이와 관련해 직업적으로 성공한 어느 남성의 사례를 드는데, 사실 그가 성공보다 훨씬 더 바랐던 것은 자신의 진짜 재능과 소질을 꽃피우고 가족과 많은 시간을 보내는 일이었다. 그러나 어린 시절부터 훌륭한 사람, 성공한 사람이 되어 주변의 사랑과 인정을 받으려면 이렇게 혹은 저렇게 해야 한다는 관념을 주입받으면서 그는 자신이 진정 원하는 것을 적극적으로 억눌러 버렸다. 그렇게 하는 것이 좋다고 생각한 것이다. 이것이 그의 해결책이었다. 뇌의 보상 체계가 활성화되면 진짜 감정을 억제하고 배제하는 과정도 한층 가속화된다. 그리고 마침내 이 과정이 완성된다. 신체 감각을 억제하는 것은 아무 감정도 느끼지 못하게 될 때까지 계속해서 강화된다.

이 남성은 이제 억눌림에서 벗어나야 한다. 지금까지는 감정을 억제하는 일이 유리했다면 이제부터는 뭔가를 느끼는 것이 더 풍요로운 체험이 되도록 해야 한다. 이를 어떻게 실현시켜야 하느냐는 질문에 휘터는 이렇게 대답했다.

"배우자와 서로 부드럽게 쓰다듬어 주는 것도 하나의 방법이다. 아무리 무뎌진 남성이라도 이 순간에는 자신에게 피부가 있음을 상기하게 된다. 어린 시절에 가족과 어떤 문제가 있었는지 되돌아봄으로써 그때의 고통을 느끼고 마음껏 울게 하는 것도 방법이다. 이를 부정적인 것으로 낙인찍지 않고 익숙한 만남으로 체험하게 해 주면 된다. 끊임없는 억압과 부담으로 인해 자신의 감정과 신체 인지를 억누르는 일이 좋을 리 없다. 이 새로운 느낌이 무언가에 의해 다시금 유기되지만 않는다면 그의 내면은 한층 풍요로워졌다고 할 수 있다. 이때는 그라는 인간이 활짝 열리며 생기를 얻을 것이다."

어린 시절의 당신에게로 돌아가 보자. 당신은 사랑받기 위해 분노, 좌절, 슬픔 같은 감정들을 감춘다. 혹은 당신이 중요하기는커녕 당신이 가장 필요로 하

> 사랑받기 위한 순응은 당신을 아프게만 든다.

는 사람들에게 부담만 된다는 사실을 학습한다. 그래서 스스로를 그에 맞추며, 이러한 순응이 당신의 인격과 행동방식을 빚어낸다. '사랑 받기 위해' 자기 자신과 진짜 자아를 꺾어 버리는 것이다. 사랑받기 위한 순응은 신체적 고통을 느낄 때와 똑같은 뇌 영역을 활성화시킨다. 즉 당신을 아프게 만드는 것이다.

그렇게 성인이 되고 엄마가 된 뒤 자녀들이 당신 내면의 이 지점을 향해 방아쇠를 당기고 오랜 세월 묻혀 두었던 감정들을 끄집어낸다. 이 순간 당신은 어마어마한 스트레스를 받는다. 아이가 단호한 눈빛으로 팔짱을 낀 채 정확히 자신이 원하거나 원치 않는 것을 이야기하는 모습을 보며 "그런데 내가 원하는 것은 도대체 뭐지?"라고 스스로에게 물을지도 모른다. 부정하고 싶었던 부분을 희생시키는 자기 파괴적인 행동방식은 자녀와의 관계에 나쁜 영향을 끼친다. 아이들은 당신이 수

치심 혹은 또다시 상처받을지 모른다는 두려움 때문에 내면 깊숙이 은폐해 버린 것을 간파하거나 짐작하거나 인지한다.

아이들은 당신의 진짜 모습을 경험하고 싶어 한다. 당신 내면에 무언가가 '배제'되어 있다는 것도 감지한다. 모든 감정을 아이 앞에서 분출해서는 안 되겠지만 은폐된 상자를 마냥 묻어 두는 것도 옳은 행동은 아니다.

지금까지 강한 감정에 대응하기 위해 당신이 고안해 두었던 전략들은 한때는 유익하고 의미 있었을지 모르나 이제는 더 이상 유효하지 않다. 이제부터는 신체의 분노를 인지하고 느끼는 일이 중요하다. 그것에 지배당하거나 필사적으로 맞서기보다는 현명하게 대응하는 법을 배워야 한다. 난관에 처했을 때는 능동적으로 해야 할 일과 내버려두어야 할 일이 무엇인지도 고민할 필요가 있다.

이 모든 것은 커다란 도전인 동시에, 스스로를 성찰하고 과감하게 자기 내면을 들여다볼 수 있는 유일무이한 기회다. 내면으로 향하는 여행의 첫걸음이기도 하다. 이 여행에서 하루아침에 목적지에 도달할 수 있는 사람은 아무도 없다. 배우도록 허락된 적조차 없는 무언가를 갑자기 능숙하게 할 수 있는 사람이 어디 있겠는가? 성장하는 동안 꾸준히 밀어내야 했던 자아의 일부를 이제 와서 어떻게 조절하란 말인가? 이는 서핑보드 위에 서 본 적도 없는 사람에게 높은 파도를 타라는 것만큼이나 무리한 요구다. 한마디로 불가능하다. 이를 해내기까지는 훈련이 필요하다. 성장과 꾸준한 성찰, 그리고 커다란 용기가 요구된다.

아이의 감정과 마주하는 법

이 책은 당신과 자녀의 감정을 의식적이고 열린 방식으로 마주하는 법을 알려주려고 한다. 아이, 아이의 감정, 그리고 자신의 감정을 바라보는 당신의 시선에 변화를 주거나 한층 예리하게 갈고 닦는다면 그 과정이 한결 쉬울 것이다. 당신이 감정과 그것이 표출되는 방식에 보다 수월하게 대응할 수 있도록 몇 가지 관점을 제시하고자 한다. 부모로서 평정을 유지하고 아이에게 좋은 동반자가 되어 주는 데 도움이 될 것이다.

아이에게 그리고 당신에게 모든 감정을 허락하라!

발전적인 삶을 살기 위해서는 모든 감정을 허용할 줄 알아야 한다. 분노, 두려움, 슬픔, 역겨움 같은 불쾌하고 내키지 않는 감정까지도 말이다. 이는 아이는 물론이고 당신에게도 마찬가지다. 이것이 어렵고 불가능하게 느껴질 수도 있다. 아이와 동행한다는 것은 이처럼 숱한 도전이다. 하지만 불쾌한 감정들 역시 삶의 필수 요소인 만큼 그것을 차단하려는 태도에서 벗어나야 한다. '분노가 찾아왔구나. 내가 너를 느낄 때까지 그냥 내 안에 머무르렴. 어차피 넌 사라질 테니까'라고 생각하는 것이다. 이는 아이의 강렬한 감정과 그것을 대하는 당신의 생각에도 적용된다. 당신과 아이 모두 모든 감정을 느껴라. 다만 당신에게는 한 가지 중대한 물음이 덧붙는다.

"성인으로서 당신은 그에 어떻게 대응하는가?"

아이의 감정을 보살펴주어야 한다는 말을 들으면 많은 질문이 떠오를 것이다. "대관절 나 보고 어떻게 하라는 거지? 어떻게 내 아이의 감정을 보살펴주어야 하지? 어떤 방식으로 말인가? 나는 무엇을 해야 하나?"

사려 깊고 애정 어린 동행은 무언가를 하는 데 있는 것이 아니다. 그저 아이 곁에 있어 주는 것만으로도 충분하다. 'Stop doing, start being!'은 이를 정확히 표현하는 문장이다.

> 'Stop doing,
> start being!'
> 그저 아이 곁에 있어
> 주어라.

꽤 괜찮은 말이라고 생각되면 자신만의 상황에 맞추어 이를 실천해 보라. 당신에게 이것은 무엇을 의미하는가? 당신은 지금까지와는 무엇을 다르게 하겠는가? 언제 무언가를 할 것이며, 언제 그저 있어 줄 것인가? 혹은 두 가지가 모두 필요한가? 지금 당장, 반드시 무언가를 해야 한다고 느낄 때는 언제인가? 아이의 분노가 폭발할 때인가? 짜증을 내고 큰 소리로 소리를 지를 때인가? 아무리 달래도 울음을 그치지 않을 때인가?

이런 관점에서 다음과 같은 생각이 당신에게 도움이 될 것이다.

자녀와 동행할 때 하지 말아야 할 것
- 평가절하
- 과장
- 편견
- 자의적인 평가
- 잔소리

- 씩씩대기
- 다른 곳으로 주의 돌리기
- 회피
- 경직
- 미루기

그저 아이 곁에 있어 주어라. 아이가 필요로 할 때 아이와 함께, 아이를 위해서 말이다. 안아주거나 쓰다듬어 주거나 사랑과 안정감을 선사해 주어라. 아이를 지그시 바라보아라. 심호흡을 하라. 감정을 그대로 느끼면서 아이를 바라보고, 아이의 감정을 있는 그대로 내버려두어라. 지금 이 순간 당신 혹은 아이의 내부에 존재하는 것에 맞서 싸우려 하지 마라.

느낌은 사라지기 마련이다. 스쳐가는 비구름과 마찬가지다. 비는 맑고 청명한 공기를 남긴다. 마찬가지로 아이의 강점을 그대로 느끼면 아이도 비로소 다시 숨 쉴 수 있다. 당신이 이미 그렇게 해 왔다면 그야말로 이상적이다.

아이의 감정에는 언제나 정당한 이유가 있다!

아이가 분노하는 이유가 무엇인지 아는 것은 도움이 된다. 이유를 알 수 있는 때도 있지만 없을 때도 많다. 그렇더라도 이유를 발견할 수 있는 기회는 많다. 원하는 색깔의 숟가락이 아니어서 고집을 부릴 수도 있고, 지나치게 꽉 짜인 일상이 문제일 수도 있으며, 좀 더 심오한 문제가 원인일 수도 있다. 가족 간의 갈등이 자주 반복되거나 아이에게서 특정한 행동 표본이 나타난다면 당면한 상황보다는 가정의 분위기에 원인이 있을 가능성이 높다. 중요한 것은, 감정이 결코 확인을 거쳐야만 정당성을 얻는 것이 아니란 사실이다.

아이들은 '감각 동물'이다. 부모가 입 밖에 내지 않거나 스스로 자각하지 못하는 상황까지 아이들은 포착한다. 부모가 모른 척하고 싶어 하는 것도 알아차린다. 이런저런 문제를 겪고 있는 가정에서는 경우에 따라 아이들이 냉난방기 역할을 하기도 한다. 가령 가족 내의 분위기가 냉랭하고 부모가 갈등을 회피할 경우 자녀들 중 하나가 가족 간에 마찰과 열기를 불러일으켜야 한다는 의무감을 느낄 가능성이 있다.

> 감정은 결코 확인을 거쳐야만 정당성을 얻는 것이 아니다.

물론 이것을 의식하는 것은 아니지만, 이때 아이는 '문제아'가 됨으로써 부모가 에너지를 발산시킬 수 있도록 돕는다. 예컨대 끊임없이 자신과 충돌하고 소리 지르고 화내고 야단치도록 엄마를 자극하는 것이다. 분위기가 달아오르면서 냉랭함은 잦아들고 가족 간에 감돌던 공기는 균형을 이룬다. 하지만 이는 지극히 불건전하고 해로운 방식이다. 부모가 진짜 문제(부부 간의 거리, 부부 관계 파탄 등)를 외면할 경우 아이는 부모에 의해 외면되어온 이 불행한 균형의 희생양이 되고 만다. 아이가 이 모든 것을 떠맡는 이유는, 그럼으로써 뭔가 변화가 찾아올 거라는 희망 때문이다. 그러나 가족은 보다 심각한 본질적 문제로부터 새로 유발된 위기로 주의를 돌릴 뿐이다.

　나는 어떤 문제로 인해 극심한 신체적 증상을 보이는 딸아이 때문에 몇 달간을 고군분투한 적이 있다. 스스로 그것을 내게 알릴 만한 방도를 알지 못한 아이의 뇌는 익히 알고 있던 '충동 조절 장애'를 선택했다. 이는 나를 수없이 극한의 상황으로 몰고 갔다. 소리를 지르는 날도 잦았다. 이는 나는 물론 딸아이에게도 큰 스트레스였고, 자연히 우리의 관계에도 나쁜 영향을 미쳤다.

　그런 행동이 언제 시작되는지 알아내려 애쓴 끝에 나는 두 가지 동인을 발견했다. 첫 번째는 아이가 유치원에 들어갈 무렵으로 추측된다. 만 30개월 즈음의 일이다. 유치원에 다닌 지 두 달이 조금 넘었을 때 우리 부부는 아이가 너무 어려 보육기관이 아이에게 유익하지 않다는 결론을 내렸다. 유치원을 그만두자 발버둥 치며 떼를 쓰는 행동은 조금 잦아들었지만 완전히 사라지지는 않았다. 공격적인 행동이 정점에 달한 것은 우리 가족이 큰 스트레스를 받으며 몇 달을 보낸 뒤였다.

　딸아이가 만 3세쯤 되었을 때, 내게 매우 중요한 누군가가 생사를 오가는 대수술을 받게 되었다. 수술 당일 나는 딸아이와 함께 있었다. 이후의 몇 주 역시 무척 힘든 시간이었다. 어마어마한 두려움과 걱정, 긴장감이 우리를 휘감고 있었다. 딸의 입장에서는 자신에게 가장 중요하고 대부분의 시간을 함께 보내는 사람들이 힘든 시간을 보내고 있는 셈이었다. 아이도 그 한

복판에서 모든 부담을 함께 느낄 수밖에 없었다. 작은 스펀지처럼 아이는 모든 것을 흡수했다. 이것이 쌓이다 못해 분출된 것은 당연한 일이었다.

그러나 나 역시 너무도 지쳐 있던 상태라 아이의 감정을 받아주기에는 무리였다. 마음과는 전혀 다른 반응이 나왔다. 이런 일이 여러 차례 반복되었는데, 그만큼 상황이 심각했던 적은 처음이었다. 별다른 문제없이 잘 지낼 때였어도 많은 것을 새로 배워야 했을 것이다. 그러나 이때 나는 엄청난 부담과 두려움을 동시에 안고 있었다. 휴대폰이 울릴 때마다 심장이 쿵쿵 뛰던 게 바로 어제 일인 것처럼 생생하다.

또다시 히스테릭하게 소리를 지르고 아이와 함께 방바닥에 주저앉아 엉엉 울었던 날 저녁, 나는 잔드라와 통화를 나누었다. 그는 내게 이렇게 조언했다.

"마음을 열고 그냥 내버려둬. 자꾸 거기에 맞서려 들지 말고."

그 말은 경보처럼 나를 깨웠다. 무언가가 내 마음을 움직였다. 그냥 내버려둬. 그냥 내버려둬. 그때부터 나는 아이의 분노에 맞서는 것을 멈췄다. 그러자 아이와 나, 모두가 겪고 있는 위기가 보이기 시작하더니 점점 큰 그림이 드러났다. 나는 맞서 싸우는 대신 서서히 이 과정을 받아들였다.

내면의 변화와 더불어 내 행동방식과 아이의 행동에 '화답'하는 방식에도 변화가 찾아왔다. 투쟁 모드가 활성화되는 횟수도 줄어들었다. 딸아이가 처한 위기를 간파하고, 아이가 나를 마구 때려도 이것을 나에 대한 '개인적 공격'으로 받아들이지 않게 된 덕분에 가능했던 일이다. 아이가 내 도움을 필요로 하고 있다는 사실도 깨달았다. 아이의 감정적 소용돌이에 휘말리지 않고 굳건히 자신을 지킬 줄 아는 어른, 아이의 감정에 동행해 주고 그를 받아주며 사랑을 듬뿍 쏟아주는 어른의 도움이 필요했던 것이다. 나는 딸의 분노를 두려움 없이, 있는 그대로 받아들이게 되었다.

그러자 수많은 가능성이 눈앞에 펼쳐졌다. 손을 내밀어줄 수도 있게 됐고, 아이가 허락하는 한 아이를 품어 주고 보호하고 곁에 있어 줄 수도 있었으며, 필요할 때면 "나는 맞고 싶지 않아"라고 말하며 한 걸음 물러설 수도 있었다. 쉽게 말해, 나는 그때그때 다른 방식으로 아이와 접촉하게 되었다. 상황이 언제나 이상적으로 전개되지는 않았지만 적어도 내가 원하는 반응에는 조금씩 가까워졌다. 최대한 명확한 태도를 유지하고 의식적으로 호흡하며 아이 곁을 지켜주는 만큼 나 자신을 지킨 덕분이다.

이런 결과가 만족스러울 때도 있지만 그렇지 못할 때도 있다. 다만 아이의 행동에 예전처럼 자동적으로 반응하는 대신 내게 맞는 해법을 찾아가고 있다는 점은 분명하다. 그로써 나는 아이에게 등대가 되어 줄 수 있다. 아직은 충분히 밝지 않지만 등대가 있다는 사실만으로도 든든하다.

훗날 그 시간을 회상하면서 나는 비로소 이때가 내게 정말 고된 시간이었음을 깨달았다. 몇 달이 지난 어느 날 저녁, 발코니에 앉아 지난 시간을 돌아보는데 눈을 가리고 있던 비늘이 떨어져 나가는 듯한 느낌이 들었다. 위기 상황, 일에 파묻혀 있던 나, 두려움을 떨치기 위해 회피 전략을 쓰던 주변 사람들, 그리고 이따금 달아나 버리고 싶었던 내 바람까지 모든 것이 훤히 보였다. 그때는 그냥 사라져 버리고 싶었다.

그제야 비로소 모든 것이 설명되었다. 내가 얼마나 큰 부담에 짓눌려 있었는지, 내 상태가 얼마나 악화되어 있었는지 비로소 깨달았다. 그리고 내 아이는 그 한가운데 끼어 있었던 것이다. 마침내 나는 모든 것을 이해할 수 있었다.

아이를 마냥 행복하게 해주는 것은 당신의 의무가 아니다!

모두가 항상 세상과 조화를 이룰 수 있다면 얼마나 좋겠는가? 물론 불가능하지만 말이다. "슬퍼도 괜찮아"라는 다독임에는 어마어마한 힘이 깃들어 있으며, 그 힘 안에는 또한 이런 신념이 깃들어 있다. "괜찮아. 네 눈물을 멈추게 해주려고 스트레스를 받아 가며 애를 쓰지는 않을게! 그저 이 자리를 지키며 네가 나를 필요로 할 때 너를 바라봐 주고 위로해 줄 거야." 다시 말해 나(부모)는 아무것도 할 필요 없이 그저 너(아이)를 위해 있어 주면 된다는 마음가짐을 품는 것이다. 그래, 힘든 상황에서는 이 정도만 해도 된다.

아이의 행동 중 당신에게 반항하기 위한 것은 없다!

안타깝게도 어른들은 아이에 대해 '일찌감치 본때를 보여주지 않으면 말을 듣지 않는다'는 고정관념을 갖고 있다. 하지만 이런 편견으로부터 단호하게 거리를 두어야 한다.

이런 관점은 아이의 본질과는 아무 상관도 없으며, 사랑과 배려로 아이와 동행하려는 다짐을 불가능하게 만든다. 아이들은 어른에게 의지하며, 안전감과 애정을 얻기 위해 어른을 필요로 하는 지극히 사회적인 존재다.

완벽한 사람은 없다!

어른들이 스스로 남들보다 똑똑하다고 확신할 때 어떤 일이 벌어지는가는 부모와 자녀 관계를 보면 분명히 확인할 수 있다. 부모가 가르치지 않아도 아이들은 매우 뛰어난 능력을 갖추고 있다. 어른의 것과는 또 다른 능력과 지식을 가졌다는 의미다. 부모는 그저 더 오래 인생을 살아오며 더 많은 경험을 했을 뿐이다. 그럼에도 부모는 무릇 사람이라면 무엇을 해야 하며, 무엇을 하면 안 된다는 둥 번번이 아이들을 가르치려 든다. 아이들이 모방을 통해 행동을 배운다는 사실은 무시한 채 말이다.

> 내 안에서 태어난 아이들은 이미 '완성된 영혼'을 가진 인간이다.

중요한 것은, 내 안에서 태어난 아이들이 이미 '완성된 영혼'을 지닌 인간임을 이해하는 일이다. 그 존재와의 관계를 가꾸고, 그에 관해 알아가며, 연륜을 갖춘 안내자로서 삶의 여정에 동행하는 것 또한 중요하다. 부모라고 해서 내 아이의 모든 것을 아는 것은 아니다. 부모 또한 끊임없이 배우는 중이라는 겸손한 마음가짐과 통찰력이 필요하다.

기회는 지금뿐이다!

혼자 남겨진 아이는 엄마가 돌아올 것인지 아닌지 알지 못한다. 하지만 성인은 아이가 분노를 해도 그 순간이 잠깐뿐이라는 걸 안다. 명심하라. 당신의 내면에서 일렁이는 감정의 파도를 견디는 것은 잠깐이다. 지금 당신을 미치게 만드는 것은 '그저' 당신의 아이일 뿐이다. 이일이 당신의 삶을 위협하는 것은 아니다. 터널 저편의 광대한 풍경을 바라보라. 쉽지는 않겠지만 가능한 일이다.

아이에게는 지금 대안이 없다!

아이들이 바닥에 드러누워 몸부림을 치고 발길질을 해대는 이유는 위기를 감지했기 때문이다. 아이의 입장에서는 터져 나오는 감정을 극복하기 위해 현재 자신에게 주어진 전략을 사용할 수밖에 없다. 아이들은 지금 예외 상황에 처해 있으며, 재미삼아 그런 행동을 하는 것이 아님을 이해해야 한다. 덴마크 출신의 세계적인 가족심리치료사 예스퍼 율은 자신의 저서 『공격성Aggression』에서 아이가 펄펄 날뛸 때 부모가 보일 수 있는 세 가지 반응을 다음과 같이 정리했다.

• **가능한 반응 1**

엄마는 "네가 그러면 엄마는 슬퍼"라고 말한다. 율은 이것을 이기적인 반응이라 칭한다. 어른이 자신의 감정 상태에 대한 책임을 아이에게 전가하기 때문이다. 평가절하를 당한 아이는 어마어마한 거북함을 느낀다.

• **가능한 반응 2**

엄마는 아이에게 그런 행동을 원치 않는다고 말함으로써 자신의 '한계'를 보여준다. 그렇게 해도 괜찮다. 다만 이때 아이가 엄마의 경계에 관해 무언가를 배우되 자기 자신에 관해서는 아무것도 배우지 못한다는 사실을 명심해야 한다.

• **가능한 반응 3**

엄마는 아이의 동반자로서 아이의 내면에서 벌어지는 일에 관해 적절한 표현을 해줄 수 있다. "화가 났구나", "슬프구나", "짜증이 났구나" 등이 그것이다.

상황이 다시 좋아지려면 아이의 내면에 있는 무언가가 분출되어야 한다. 이는 부모의 바람과는 별개로 발생한다. 뇌 발달이 미숙한 탓에 아이가 그렇게 행동할 수밖에 없었음을 이해한다면 적절히 반응하는 데 도움이 될 것이다. 당신은 아이에게 적절한 말을 건네고 동행해줄 수 있는가? 혹시 당신의 기분에 대한 책임을 아이에게 떠넘기고 있지는 않은가?

다정하게 동행해 주며 항상 본보기가 되어라!

아이에게는 살면서 무엇을 어떻게 해야 한다는 것을 배울 의무가 없다. 당신이 애정 어린 동반자가 되어 아이에게 전하고자 하는 가치를 스스로 실천한다면 아이는 저절로 배울 것이기 때문이다.

마음이 여유롭고 모든 일이 잘 풀릴 때는 아이를 '있는 그대로' 내버려두는 것이 가능하다. 당신이 체험한 양육방식(자의적인 권력 남용, 위협, 으름장, 처벌)을 끊는 것도 쉬울 것이다. 그러나 막상 스트레스 상황에 처하면 바로 이 방식이 튀어 나오고 만다. 확신을 잃거나 스트레스를 받는 즉시 '그래도 이건 배워야 하니까……'라는 생각이 불쑥 치솟으면서 두려움에서 비롯된 행동을 하게 되는 것이다. 자신이 양육 과정에서 뭔가를 놓치거나 실수해서 아이가 원만한 인간관계를 형성하지 못하거나 폭군 같은 아이가 될까봐 하는 두려움 때문이다.

그런 생각은 떨쳐 버리는 것이 좋다. 사랑과 이해, 자아성찰만 있으면 아이가 폭군이 될 가능성은 거의 없다. 그보다는 가장 필요로 하는 사람에게 두려움을 품거나 복종을 강요당할 때, 처벌에 대한 위협을 받을 때 폭군으로 자랄 가능성이 있다. 폭력은 깊이 각인된다. 사랑을 주고 모범을 보이는 것 이상의 양육은 생각하지 마라.

> **훈련: 당신은 지금 어떤 '렌즈'를 통해 아이를 보고 있는가?**

스트레스나 긴장감은 인지를 왜곡시킨다. 그런 상황에 처했을 때 드는 감정을 인지하고 나면 초점을 다른 곳으로 옮길 수 있다. 자신이 애정 어린 태도를 유지하고 있는지, 아니면 스스로도 좋아하지 않는 행동방식을 취하고 있는 것은 아닌지 검토하는 것도 가능해진다.

이때는 의식적으로 마음을 가다듬고 자기 스스로를 관찰하는 것이 필수다. 이렇게 하면 분노가 당신과 몸과 마음을 지배하기 전에 먼저 '스톱'을 외칠 수 있다.

한계라고 느껴질 때는 낙하산의 고리를 당겨라!

아이의 고함과 분노, 온갖 감정들을 견디는 데 한계가 왔다고 느껴진다면 그 감정을 솔직히 드러내라. '참는 것'과 '고스란히 덮어쓰는 것'은 올바른 대응법이 아니다. 한 걸음 물러서라. 열 걸음도 좋다. 오로지 당신 자신만을 돌보아라. 아이의 안전도 중요하지만 당신의 안전도 확보해야 한다.

사례: 잔드라 ▶

딸아이가 유치원에서 바닥에 드러누워 발버둥 치며 소리를 지를 때면 나는 좀처럼 평정을 유지할 수 없었다. 다른 부모들의 시선이 나와 아이에게 집중되었고, 한계에 다다른 나는 아이를 낚아채듯 안고 집으로 데려오곤 했다.

보는 눈이 많은 곳에서 내가 아이를 달래고 차분하게 행동하지 못한다는 사실은 스스로도 잘 알고 있었다. 집에 도착해 뇌가 정상적인 기능을 회복한 뒤에야 비로소 그것이 가능했다. 그러나 그 장소를 신속히 벗어나는 일이 아무 때나 가능한 것은 아니다. 스스로의 한계와 능력을 파악하고 평정을 되찾으려면 어떻게 해야 하는지 미리 알고 있어야 한다.

사람들이 평가하는 눈으로 당신을 주목하고 있다고 생각하거나 다른 부모들의 눈에 완벽한 엄마로 비치는 것을 중요하게 여기는 태도는 스트레스 해소에 도움이 되지 않는다. 그런 상황에 처했을 때 엄마로서 당신은 아이의 안전까지 확보해야 한다. 나는 미국의 심리학자 O. 프레드 도널드슨O.Fred Donaldson을 통해 몸부림치는 아이를 신체적으로 다루는 방법에 관해 배웠다. 중요한 것은, 아이가 움직이지 못하도록 꽉 붙들지 않는 것이다. 도널드슨은 화가 나서 날뛰는 아이 뒤에서 무릎을 꿇고는 가슴 높이에서 아이에게 팔을 둘렀다. 하지만 양손을 맞잡지는 않았다. 두 손바닥은 아래쪽을 향했다. 이 공간 내에서 아이는 자신이나 다른 사람에게 상처를 입히지 않고 몸부림을 칠 수 있다. 비의도적인 신체놀이를 주제로 이틀에 걸쳐 진행된 이 워크숍은 출산 준비 교실 프로그램으로도 손색이 없었다.

혼자서 해내야 한다고 생각하지 마라!

아무리 애써도 상황이 나아질 기미가 보이지 않고 아이나 자기 스스로에게 해를 가할지 모른다는 두려움이 들 때가 있을 것이다. 이때는 최후의 수단으로 방에서 나가거나 욕실에 들어가 문을 잠가라. 그리고 가능하면 즉각 도움을 요청하라. 좀처럼 진정되지 않는다면 잠깐 와줄 수 있는 누군가에게 전화를 걸어라. 평소에 마음이 전혀 맞지 않던 시어머니라도 불러야 한다. 상황이 악화되는 것을 막으려면 어쩔 수 없다. 혹은 친구와 통화를 하는 것으로도 충분하다.

당신이 현재 곤경에 처해 있다면 전문 지식을 갖춘 누군가와 얼마간 동행하라고 권하고 싶다. 예스퍼 율 같은 가족상담사나 심리치료사도 좋다. 도움을 구하는 것은 수치스러운 일이 아니라 용기와 결단력을 얻는 길이다.

2장

당신 안의 분노가 솟구칠 때

몸은 분노와 공격성을 통해 무언가를 말하고자 한다.
그러나 적어도 부모가 된 뒤에는
감정을 통제하고 조절하는 법을 배워야 한다.
그래야만 타인에게 의지가 되어 줄 수 있다.

90초, 분노가 몸에서 빠져나가기까지 걸리는 시간

분노나 슬픔, 실망을 맛보았을 때 아이는 어떤 행동을 하는가? 혼자서는 그 감정을 감당할 수 없음을 긴급히 알리고 자신의 감정을 분출하고자 할 때 아이는 어떻게 하는가? 대부분은 울며 소리를 지를 것이다. 몸부림을 치거나 물건을 집어 던지거나 물고 차고 때릴 수도 있다. 감당할 수 없는 감정이 들 때 대부분의 성인은 이렇게 행동하지 않겠지만, 사실 몸속에서는 이와 유사한 현상이 일어난다.

분노와 스트레스가 어떤 느낌을 주는지 당신도 알고 있을 것이다. 목이 죄는 듯하고 숨이 가빠지며 가슴이 짓눌리는 것 같다. 몸은 경직되고 긴장되며 이를 악무느라 턱이 굳는다. 이런 증상은 트리거가 채 당겨지기도 전에 시작된다. 뇌에서 자동 반응이 촉발되고 화학 작용이 이루어진 뒤 온몸으로 퍼지는 것이다.

여기서 결정적인 것은, 이 모든 작용이 고작 90초 안에 일어난다는 사실이다. 뇌 안에서 어떤 프로그램이 실행되고 분노가 당신의 몸을 타고 흐르다가 마침내 몸 전체를 흠뻑 적시기까지 걸리는 시간이 90초라는 말이다. 그러고 나면 자동 신체 반응은 끝이 난다. 당신은 이 90초 동안 감정의 파도를 타면서 분노에 대응하고 그것을 조절해야 한다. 미국의 신경학자 질 볼트 테일러Jill Bolte Taylor는《긍정의 뇌My stroke of Insight》에서 이에 관해 묘사한 뒤 다음과 같이 덧붙였다.

"90초가 지난 뒤에도 분노가 가시지 않는다는 것은 나 스스로 이 상태를 계속해서 순환시키도록 결정했음을 의미한다. 나는 이 순환 고리를 계속 붙들고 있을 것인가, 아니면 현재로 되돌아감으로써 이 반응을 끝낼 것인가를 매순간 결정할 수 있다."

성인이자 엄마인 당신에게 반가운 소식일 것이다. 물론 아이에게도 그렇다. 그렇다고 해서 "자, 너는 90초가 지나면 더 이상 떼를 부리지 않기로 결정할 수 있어"라고 말하고 그에 상응하는 행동을 기대할 수 있는 것은 아니다. 아이들은 아직 성숙한 감정 조절 체계를 갖추지 못했다. 당신이 이를 계발할 기회를 마련해 주어야만 비로소 형성할 수 있다.

뇌 안에서 프로그램의 방아쇠가 당겨진 뒤 당신을 관통해 흐르던 분노가 마침내 몸에서 빠져나가기까지 걸리는 시간은 고작 90초다. 이 90초는 또 한 가지 중요한 것을 일깨워준다. 일단 감정적 파도에 휘말리게 되면 뇌는 이를 소화하기 위해 풀가동에 들어가는데, 이 순간 당신에게는 아이를 보살피고 아이가 겪는 분노의 감정에 동행하는 데 필요한 자원이 고갈된다. 방아쇠가 이미 당겨졌다면 당신이 해야 할 일은 스스로를 돌보는 것뿐이다. 이 90초 동안 당신은 응급 상태이며, 당신의 뇌와 신체도 그에 상응하는 반응을 일으킨다. 이 자동 반응이 종료된 뒤, 다시 말해 방아쇠가 통제되고 난 뒤에야 당신은 비로소 아이에게 다가갈 수 있다. 이때 가장 어려운 일은 스스로를 제어하는 것이다. 분노에 찬 상태에서 심호흡을 하며 자신

> 뇌 안에서 **프로그램**의 방아쇠가 당겨진 뒤 당신을 관통해 흐르던 분노가 마침내 몸에서 빠져나가기까지 걸리는 시간은 고작 90초다.

의 몸을 느끼는 것만으로도 다행이라 할 수 있다. 하지만 누구나 알고 있듯이 예상치 못한 상황에 처했을 때 원래 의도했던 대로 행동하기까지는 한참이 걸린다. 이때 완벽주의는 역효과를 낼 뿐만 아니라 당신이 또다시 '실패'했다고 믿게 만듦으로써 수치심을 일으키는 결과를 가져온다. 자기 자신을 느낄 수 있기까지 당신이 할 수 있는 것은 예전보다 조금 더 '나은' 반응을 보이는 일이다.

- 아이의 몸을 움켜잡는 대신 안락의자나 소파의 쿠션 움켜잡기
- 아이가 아닌 벽에 대고 소리 지르기
- 방에서 뛰쳐나가는 대신 한 걸음 뒤로 물러서기

위기에 처했을 때 지금껏 극단적으로 행동해 왔다면 이제부터는 한 걸음씩 원하는 방향으로 개선해 나가라. 매번 아주 조금씩만이라도 말

이다. 성찰하라. 실패하라. 성찰하라. 성장하라. 그리고 의도와 다르게 행동했다면 그에 관해 이야기하고 사과하라.

당신의 몸은 분노와 공격성을 통해 무언가를 말하고자 한다. 당신은 오랜 시간에 걸쳐 이 불쾌한 감정을 억누르는 법을 학습했겠지만 이제는 이 감정을 인지해야 한다. 이는 고통스러운 일일 수 있다. 그러나 적어도 부모가 된 뒤에는 감정을 통제하고 조절하는 법을 배워야 한다. 그래야만 타인에게 의지가 되어 줄 수 있다. 이는 어른이 된 뒤에도 타인(가령 배우자나 자녀)에게 감정적으로 의지하려는 태도와 대비된다. 또다시 짜증이 폭발하는 상황에 처한다면 '일단 앉아야겠다'라고 생각하는 것도 괜찮다. 그리고 앉아라. 아니면 껑충껑충 뛰어라. 그것도 아니면…… 느끼고 호흡하라. 90초 동안만. 그러고 나면 다시금 생각이 맑아질 것이다. 그리고 책임감 있게 최선의 행동을 할 수 있게 된다. 그럼에도 변하는 것이 없다는 생각이 든다면 누군가에게 도움을 구하라. 당신 자신, 그리고 당신의 아이들을 위해.

C. I. A.: 당신을 위한 위기 대응 플랜

순간적으로 당신을 폭발하게 만드는 상황을 몇 가지 떠올려 보라. 거실로 들어선 순간 아이가 사인펜으로 마구 낙서를 해 놓은 소파가 눈에 들어온다. 혹은 아이에게 마실 것을 주었는데 아이가 당신을 빤히 바라보며 컵에 든 것을 쏟아 버린다. 해 달라는 것을 거절하자 화가 난 아이가 당신에게 달려들어 주먹으로 때리거나 얼굴을 걷어찬다.

어떤 상황이든 간에 그 즉시 활용할 수 있는 무언가가 필요한데, 이제부터는 그런 상황이 닥치면 C.I.A.를 떠올리기 바란다.

C.I.A.는 쉽게 말해 위기 대응 플랜이자 하나의 공정 과정이다. 여기에는 난관에 부닥쳤을 때 하거나 하지 말아야 할 가장 중요한 요소들이 명확히 압축되어 있다. C.I.A.는 'Cut(자르기)', 'Imagine(상상하기)', 'Act(행동하기)'의 줄임말이다.

• **Cut**: 스톱! 행동을 멈춰라! 지금 당장! 숨 가쁘게 흐르는 영화의 한 장면을 상상해 보라. 그때 당신이 흐름을 끊는다. '컷!' 당신의 내면에서 끓어오르는 무언가와 행동으로부터 스스로를 떨어트리는 것이다. 영화를 촬영할 때 '컷'은 필름이 더 이상 돌아가지 않고 배우들이 숨을 돌리며 휴식을 취할 수 있음을 의미한다. 컷이 나오는 순간 배우들은 역할에서 벗어나 본래의 자기 자신으로 돌아간다. 당신도 이처럼 스스로를 되찾을 수 있다.

'컷!', 다시 말해 스스로에게 '스톱'을 외치는 일은 가장 중요하면서도 가장 어려운 일이다. 그러나 당신의 내면에서 일어나는 다른 모든 것을 의식할 수 있으려면 반드시 이를 실행해야 한다. '컷!'은 스트레스 상황에 처했을 때 당신이 갇혀 있는 터널에 한 줄기 빛을 비춤으로써 눈앞에 커다란 장면을 펼쳐 보여준다. 이때 반드시 명심해야 할 점이 있다. 호흡에 주의를 기울여라.

• **Imagine**: 스스로에게 제동을 걸고 나면 당신이 실제로 맞부딪힌 것이 무엇인지 볼 수 있다. 즉 시야가 넓어지는 것이다. 위험이 현실이 아니며, 당신의 삶이 위기에 처한 것도 아님을 깨닫는다. 위험은 당신의 머릿속에만 존재할 뿐이다. 이제 스스로가 어떻게 자동 행동을 하게 되는지도 짐작할 수 있다. 그 장면을 머릿속으로 되뇌며 당신의 몸과 접촉하라. 당신의 내부에서 일어나는 일을 인지하라. 스스로를 느끼고 자신과 접촉하며 심호흡을 계속하라. 자기 자신에게 머물러라. 시간은 충분하다. 그 시간을 활용하라! 이 'I.'는 공격성을 상상 속에서 분출할 수 있게 해 준다. 다시 말해 머릿속에서만 자동 반응과 금지된 생각들을 허락하는 셈이다. 상상 속에서 당신의 자동 반응을 연출한 이 '영화'를 보며 이후 당신과 아이의 상태가 어떨지 고민해 본다면 대안을 모색할 동기도 생길 것이다. 보이고 싶지 않은 내 모습을 상상해봄으로써, 그 대안으로 어떤 모습을 보이고자 하는지 고민해 보라.

• **Act**: 이제 당신은 자신을 되찾고 신체 및 감정과의 접점도 되찾았다. 서핑을 하듯 감정의 파도를 타는 데 성공한 것이다. 이제 의식적으로 최선의 행동을 해 보라. 자신에게 걸맞은 동시에 스스로도 진정 원하던 대로 말이다.

C.I.A.플랜을 활용했음에도 당신의 행동반경이 여전히 제한되어 명확히 어림할 수 없을 때가 있을 것이다. 어떻게 행동하고 싶은지 모를 수도 있다. 어떻게 행동하고자 하는가를 항상 알고 있어야 하는 것은

아니다. 중요한 것은, 반드시 피하고자 하는 행동을 제어하는 일이다. 이 점만 의식해도 아이(혹은 배우자, 어머니, 시부모)와의 접촉이 가능해지며, 당신이 느끼는 것과 중요하게 생각하는 것을 표현할 수 있다.

C.I.A. 위기대응 플랜을 익히기 위해서는 훈련이 필요하다. 이것을 자주 활용하고 의식적으로 '컷'을 외칠수록 행동을 멈추고 느끼고 호흡하며 자신과의 연결점을 되찾은 뒤 의식적으로 행동하기가 쉬워진다. C.I.A.는 말하자면, 지극히 개인적인 공정 과정이다.

호흡과 신체 훈련을 비롯해 이 책에서 소개될 자극제들은 당신만의 C.I.A.플랜을 보다 자주 실천하고 감각을 되찾을 수 있도록 도와줄 것이다. 이때 핵심은 자기 결속, 다시 말해 자신과 접촉하는 통로를 상실해서는 안 된다는 점이다. 이것만 유지해도 주의를 둘로 분리시키는 일이 가능해진다. 당신이 마음을 열고 진정으로 자신의 자리를 지킬 때 비로소 애착 형성도 가능해진다.

마음을 가라앉히려면……

분노가 치솟을 때 그저 그것을 느끼고 의식적으로 호흡하며 폭풍이 지나가기를 기다릴 수 있는 경지에 이르기까지는 험난한 여정이 기다리고 있다. C.I.A.플랜의 'C'를 활용함으로써 스스로를 제지하는 데 성공했다면, 이제 마음을 진정시키는 전략을 사용함으로써 '스톱' 상태를 유지하며 감정을 꿰뚫어볼 차례다. 물론 모든 전략이 당신에게 잘

맞을 수는 없으며, 개중에는 거북하게 느껴지는 것도 있을 것이니 다양한 가능성을 열어두어야 한다.

인간은 서로를 감정적으로 조절하는 집단적 존재다. 성인들이 아이의 감정을 제어하는 역할, 다시 말해 진정시키는 역할을 하고 긍정적인 자극을 주며 고무시킬 수 있다면 그야말로 이상적이다. 긍정적 자극으로는 편안한 스트레스나 행복을 들 수 있다. 출생 직후의 아기는 조절 능력이 미성숙한 상태이므로, 성인들이 갓난아기의 교감신경과 부교감신경 사이에서 신경계가 활성 상태를 유지하도록 도우며 세심히 보살펴 주어야 한다. 다시 말해 성인은 갓난아기를 감정적으로 (공동)조절해 주고 비상시에는 스스로 안정적이고 균형 잡힌 감정 상태를 유지하며 아이 곁에 있어 주어야 한다. 이렇게 함으로써 아이는 서서히 자기감정을 조절할 수 있게 된다. 즉 어른들은 아이의 감정 조절을 돕는 역할을 한다.

스스로를 조절할 수 없었던 어린 시절과 마찬가지로 부모가 된 뒤에도 이따금 무력감에 사로잡히거나 인내심이 무너지는 순간에 직면할 수 있다. 그리고 이때 뭘 어찌해야 할지 막막할 수도 있다. 마음을 가라앉히고 거북한 감정을 소화하기 위해 당신은 무엇을 하는가? 또 어디에서 자신의 스트레스에 관해 고민하는가? 모든 것이 부담스럽게 느껴질 때 당신은 혼자 있고 싶은가, 아니면 사랑하는 사람이 곁에 있어 주는 편이 좋은가? 당신의 배우자는 그런 사람인가? 혹은 친구인가?

어떤 사람들은 매우 이른 시기에 무의식적으로 스스로 감정을 조절하기로 '결심'한다. 예컨대 어린 시절에 감정 조절을 도와줄 사람이 곁에 없었던 경우에 그렇다. 이자벨은 태어나 몇 주간을 병원 인큐베이터에서 보냈다. 이후에도 (부모가 바쁜 나머지 아이의 감정에 신경 쓸 겨를이 없었던 탓에) 그의 미숙한 감정 조절을 도와준 사람이 없었다. 그렇다 보니 어릴 때부터 모든 일을 혼자서 해결할 수밖에 없었다.

성장기에는 스트레스를 받을 때마다 부모 소유의 포도밭에 갔다. 혼자 있기 위해서였다. 성인이 된 후에는 혼자 있으면 마음이 안정되었지만 어린 두 아이를 키우는 상황에서는 쉽지 않았다. 이자벨은 그저 조용히 물러나 조개껍데기가 닫히듯 홀로 '틀어박히고' 싶었다. 자기 내면에 머무르려 한 것이다. 이런 사람을 자동적·내향적 조절자라고 할 수 있다.

그에 반해 남편인 한네스는 이자벨과의 신체 접촉을 통한 감정 조절을 선호했다. 그의 모친은 한네스의 곁을 지키는 데 그치지 않고 쓰다듬거나 껴안거나 입을 맞추는 행위를 통해 심리적으로도 강한 존재감을 과시했다. 성인이 된 현재의 한네스는 상호 조절자 유형이다. 한네스의 '신체 접촉' 욕구와 이자벨의 '틀어박히기' 욕구가 상반되기 때문에 이들 사이의 갈등과 오해는 예고된 것이나 다름없었다.

스스로를 조절하는 능력은 긍정적인 공동 조절 경험이 수없이 쌓이는 과정에서 길러진다. '나는 이렇게 기능한다'라는 자아사용 설명서를 작성하려면 자기 자신은 물론이고 친밀한 사람들과의 긴 대화가 필요하다. 이렇게 함으로써 배우자와 좋은 팀을 이루기 위한 건전한 공동 조절도 가능해진다.

스스로 평정 되찾기

자신이 있는 시간과 공간에서 의식적으로 기준점을 잡고 현재에 초점을 맞추는 일은 부정적인 감정 상태로부터 탈피하는 가장 효과적인 수단이다. 당장 처한 상황에서 폭발하기 전에 주의를 다른 곳으로 돌리게 해 주기 때문이다.

예컨대 억지로라도 뇌가 주변을 향해 관심을 돌리게 함으로써 현재에 초점을 맞추는 방법도 있다. 특정한 색깔의 사물 열 개를 주변에서 하나하나 찾아보거나 현재 들려오는 세 가지 소리를 짚어 보는 것도 방법이다. 당신의 감각들 중 가장 쉽게 접촉할 수 있는 것을 활용하라. 무슨 냄새가 나는가? 무슨 맛이 느껴지는가? 감각을 인지하는 일이 당장은 어렵다면, 각각의 알파벳 철자로 시작되는 국가의 이름을 떠올려 보는 것도 방법이다.

혼자 있을 때 다시금 자신을 일깨울 수 있는 아이디어를 몇 가지 소개한다.

- **고무 밴드**: 손목에 고무 밴드를 끼고 있다가 스트레스가 닥쳤을 때 줄을 튕겨 보라. 뇌는 심리적 고통보다 육체적 고통을 앞세우기 때문에 이것이 당신을 현실로 되돌려줄 수 있다.

- **흔들고 두드리고 뜀뛰기**: 몸을 흔들거나 자신의 몸을 두드리거나 깡충깡충 제자리에서 뛰어 보라. 이때는 온전히 신체에만 집중하라. 심장이 쿵쿵 뛰는가? 목이 꽉 막히는가? 가슴이 답답한가? 감정들을 뚫고 구체적인 그림들이 내면에 하나 둘 모습을 드러내면 그것을 살펴보고 조심히 옆으로 밀어 두어라. 거기 있어도 되는 것들이다. 그곳에 초점을 맞추지만 않으면 된다. 끊임없이 당신의 신체로 주의를 되돌리고, 물리적으로 받은 인상들이 어떻게 느껴지는지, 움직임을 통해 어떤 변화가 있는지에만 집중하라.

- **육체노동**: 숨이 차고 온 신경을 집중시켜야 할 만큼 힘든 육체노동을 찾아보라. 예컨대 집안의 가구 위치를 바꿔 보고 싶었다면 이참에 시도해 보는 것도 좋다.

- **'스톱' 외치기**: 스스로를 향해 큰 소리로 "스톱, 다 잘될 거야"라고 말해 보라. 자신의 이름을 붙이는 것도 좋다. 이때 자리에서 움직여서는 안 되며, 자신의 목소리를 분명히 들을 수 있어야 한다.

- **미소**: 웃을 기분이 아니라도 억지로 미소를 지어 보라. 2분 정도 미소 띤 표정을 유지하라. 이렇게 하면 신체가 뇌와 상호작용을 하여 기분을 좋게 해 준다. 쉽게 말해 스스로를 속이는 것이다.

- **물**: 적당히 따뜻한 물로 손을 씻거나 커다란 잔에 물을 가득 따라 천천히 마셔라. 이 과정에서 부교감 신경이 활성화된다. 이는 스트레스

를 풀고 평정을 되찾는 데 도움이 된다. 부교감 신경은 신체를 안정시키는 신경으로도 알려져 있다.

• **춤추기**: 음악에 맞추어 춤을 추면 막혀 있던 에너지의 흐름이 뚫리고 긴장이 해소된다. 그저 음악에 몸을 맡기고 기분 좋게 몸을 흔들어 보라. 보는 사람이 없으니 평가할 사람도 없다. 그저 자신만을 위해 존재하라. 춤을 추어라!

누군가와 함께 마음 가라앉히기

많은 사람들이 감정의 홍수를 겪을 때 중요한 닻이 되어 줄 누군가가 있었으면 좋겠다고 생각한다. 당신이 한네스 같은 상호 조절자 유형이라면 적극적으로 기분 좋은 만남을 모색하고, 당신에게 도움이 되는 것이 무엇인지 주변 사람들에게 미리 알려둘 것을 권한다.

• **대화**: 누군가에게 전화를 걸어라. 상대방이 받지 않는다면 당신이 지금 간절히 하고 싶은 일, 아이에게 너무나 하고 싶은 말을 음성 메시지로 남겨라. 그러다 보면 "도망쳐 버리고 싶어!", "제발 좀 그만해!" 같은 말이나 생각이 떠오를지도 모른다. 감정을 억제할 것이 아니라 소리 내어 이야기해야 한다. 상상 속의 음성사서함에 이야기하는 것도 방법이다.

• **다른 누군가를 느껴 보라**: 신체적 접촉은 상호 조절자에게 확신과 정서적 의지, 안전감, 위로를 주어 긴장을 풀고 느긋하게 만들어 준다. 잔드라는 아들 루카스를 침실로 데려가 안아줌으로써 어린아이다

운 감정의 폭발에 동행해 주는 멋진 방법을 찾아냈다. 이는 두 사람 모두에게 여유를 갖게 하고 안전감을 되찾아주는 하나의 의식이 되었다. 상호 조절자는 아이와 성인 모두에게서 찾아볼 수 있는 유형이며, 신체 접촉은 양쪽 모두의 감정 조절을 도와줄 수 있다. 예컨대 이자벨은 한네스가 심하게 화를 내고 심지어 그 분노가 자신을 향할 때도 그저 '포옹'함으로써 화를 가라앉히는 데 도움을 주었다. 처음에는 그가 거부하는 경우도 있었지만 얼마 안 가 아내의 포옹이 그를 진정시켜 주었다.

포옹을 통한 긴장 완화법

어떤 사람들은 아이들이 곁에 있든 없든, 혼자 있든 누구와 함께 있든 상관없이 평정을 유지할 수 있다. 많은 엄마들이 남편이 없을 때 아이들과 함께 있는 것이 더 편하다고 느낀다. 상대방의 마음이 여유롭지 못한 상태에서는 그 곁에서 자신의 감정을 조절하고 통제하기가 매우 어렵다. 아이들은 끊임없이 부모를 주시하며 그로부터 배운다. 사랑이란 이런 것이며 부부관계는 저런 것이라고 생각하게 되는 것이다. 스트레스 상황에서 부모가 배우자를 어떻게 대하는지도 당연히 배운다.

부부 관계 상담가이자 비교기과 전문의인 미국의 데이비드 슈나크 David Schnarch가 이야기한, 포옹을 통한 긴장 완화법은 자신이 지금 어떤 상태인지 스스로 파악하게 해 준다. 당신은 배우자가 극도의 두려움에 휩싸였을 때 스스로를 진정시킬 수 있는가? 침착함을 유지하는가, 아니면 달아나고 싶은가? 당신의 기분이 나아지도록 배우자가 진정하기를 바라는가? 강조하건대, 이때 당신이 할 수 있는 유일한 일은 스스로를 진정시키고 최우선적으로 자신의 내면을 지키는 것이다. 이완 포옹은 자신의 내면으로 다가가는 방법인 동시에 배우자에게 가까이 다가가도록 도와주는 훌륭한 도구다.

훈련: 포옹을 통한 긴장 완화법

- 마음을 가라앉히고 긴장을 완화하며 스스로를 제어하고 심장박동을 늦출 수 있도록 마음의 준비를 하라.
- 그런 다음 배우자와 2~3미터쯤 거리를 두고 마주서라. 이때는 몸의 균형을 잡고 최대한 안정된 자세를 취하라. 양쪽 발에 정신을 집중하고, 여러 곳으로 분산되어 있던 체중을 양다리에 실으면 한층 안정된 느낌이 들 것이다.
- 눈을 감고 몇 번 심호흡을 하며 조금 더 긴장을 푼 다음 눈을 떠라.
- 두 사람 모두 마음의 준비가 되었는가? 그렇다면 안정과 균형을 잃지 않도록 주의하며 서로에게 다가가라. 당신의 발이 배우자의 양발 사이에 자리할 때까지 다가가야 한다.
- 배우자를 포옹할 수 있을 만큼 가까이 서되, 상대방을 밀치거나 당기느라 균형을 잃지 않도록 안정된 자세를 유지하라.
- 몸을 곧추세우고 편안하게 느껴지는 자세를 잡아라. 포옹에 앞서 몸을 이완시키고 호흡을 의식하라.
- 부부관계, 자기 자신에 관한 온갖 감정이 파도처럼 밀려올지

도 모른다. 그에 대한 거부감을 의식하되 여기에 너무 집중하지는 마라.

- 포옹이 끝난 뒤에는 배우자와 이 경험에 관해 대화를 나누어라. 몇 달 동안 여러 번의 포옹이 필요할지도 모르지만, 이 훈련을 통해 부부관계가 크게 호전될 수 있다는 것을 실감하게 될 것이다.

배우자와 이 훈련을 하는 상상을 하는 것만으로도 온몸이 경직되는 사람도 있을 것이다. 당신도 이에 해당되는가? 배우자를 밀어내고 싶은가? 달아나고 싶은가? 몸이 뻣뻣하게 굳어지는가? 포옹한다는 상상이 당신에게 어떤 감정을 일으키는가?

생애 초기에 받은 상처와 트라우마는 몸과 뇌 깊숙이 각인된다. 이성의 지배력은 우리가 생각하는 것보다 훨씬 약하다. 트라우마 치료사 다미 샤프Dami Charf는 우리 삶의 진정한 지배자는 육체와 감정이라고 말한다. 스트레스 상황, 특히 친밀한 애착 대상과 부대끼면서 겪는 어려움 앞에서 사람들은 익숙한 옛 반응표본을 끄집어내는데, 싸움, 도피, 죽은 척하는 행위 등과 같은 원초적인 신체 반응이다.

새로운 경험에 정신적·육체적으로 익숙해지려면 그것을 몸소 체험하고 느껴 보아야 한다. 자기 자신과 신경계를 천천히, 그러나 확실하게 길들일 필요가 있다. 이때 신체에 초점을 맞추는 것은 신선하고 기분 좋은 체험이다.

의식적인 호흡: 자신과 긴밀한 관계 맺기

의식적인 호흡법은 삶에 어마어마한 풍요로움과 참된 안녕을 선물한다. 스트레스 상황은 물론이고 휴식하는 순간에도 마찬가지다. 호흡은 현재 당신이 얼마나 안녕한지를 보여 주는 척도다. 호흡법은 기본적으로 흉식 호흡과 복식 호흡으로 나눌 수 있다.

흉식 호흡은 신체에 신속하게 산소를 공급한다. 그래서 신체 노동을 할 때는 자동으로 '가슴 속으로' 숨을 들이마시고 내쉬게 된다. 가능한 빠른 속도로 몸에 다량의 산소를 공급해야 하기 때문이다. 두려움에 사로잡혔을 때도 '얕은' 숨을 쉬게 된다. 그런데 많은 사람들이 휴식 모드에서도 흉부 호흡을 한다. 흉식 호흡을 할 때는 날숨이 자율신경계에 의해 조절되기 때문에 안정을 유도하는 부교감 신경이 활성화될 수 없다. 바른 자세라 일컬어지는 '배를 집어넣고 흉부를 내민 자세'와 꽉 끼는 옷은 호흡을 제한할 수 있다. 흉식 호흡에서는 들이마신 공기를 제대로 내보낼 수 없기 때문에 새로운 공기를 받아들일 공간이 넉넉하지 않고, 긴장을 유발할 수 있다.

반면에 복부 전체를 사용하는 복식 호흡을 할 때는 편안한 느낌이 든다. 소모된 공기도 완전히 내보낼 수 있고, 부교감 신경계는 안정을 유도한다. 스트레스 상황에서 자기 자신과 더 긴밀한 연결고리를 맺기 위해서는 복부로 호흡하는 것이 좋다. '뱃속 깊이' 숨을 쉴 수 있는지 확인하려면 들숨을 쉴 때 배 부위가 봉긋하게 솟아오르고 숨을 뱉을 때 다시 당겨 들어가는지 관찰해 보면 된다. 이 움직임이 흉부에서만 관찰된다면 당신은 흉식 호흡을 하고 있는 것이다. 복합 호흡, 다시 말해 흉·복식 호흡을 모두 하면 좋은데, 특히 가수나 배우들이 이런 호흡법을 쓰며, 명상 기술에서도 이 호흡법이 활용된다. 다음에 소개할 몇 가지 훈련은 복식 호흡 및 신장 호흡을 활성화해 줌으로써 신체를 완전히 이완할 수 있게 해 준다.

훈련법: 복식 호흡

- 긴장을 풀고 편안한 의자에 앉아라. 척추를 곧게 펴되 너무 뻣뻣한 자세를 취하지 말고, 발로 땅을 디딘 채 좌골이 의자에 닿는 것을 느껴 본다. 천장에 매달린 줄에 머리가 고정되어 있다고 상상하며 몸을 곧바로 세워라.
- 천천히 숨을 쉬어라. 호흡을 느껴 보라. 어디에서 숨이 느껴지는가? 그 자세를 몇 분 동안 유지하라. 잡생각이 들면 너그러운 마음으로 살며시 밀어두고 다시 호흡에 집중하라. 지금은 몸을 느끼고 의식적으로 인지하는 일이 중요하다.
- 호흡에 집중한 뒤에는 잠시 그대로 앉아 그것을 음미해 보라. 기분이 어떤가?
- 다음 단계에서는 한 손을 배에 대고 들숨과 날숨에 맞추어 복부가 오르내리는지를 관찰하라. 30초에서 1분 정도 뒤에 손을 떼고 다시 한번 감각에 집중해 보라. 이제 어디에서 호흡이 느껴지는가? 달라진 것이 있는가, 아니면 그대로인가? 아무 변화가 없는 것 같아도 상관없다. 중요한 것은 관찰하고 느끼는 일이지 평가가 아니다.

신장 호흡을 활성화시키려면 한 팔을 머리 위로 들어올린 뒤 상체의 드러난 부분을 다른 한 손으로 '문질러야' 한다. 당신이 편안히 느끼는 속도와 강도로 몇 초 동안 지속하라. 다시 팔을 내리고 '따뜻해진' 그 부위에 팔을 댄 채 온기를 느끼는 것도 좋다. 어디에서 호흡이 느껴지는가? 문지른 부분에는 어떤 느낌이 드는가? 뭔가 변화가 생겼는가? 팔을 바꾸어 같은 동작을 반복하라.

호흡으로 놀이를 할 수도 있다. 똑바로 서서 숨을 의식해 보라. 그런 다음 동작을 따라하라.

- 몇 초 동안 깡충깡충 뛰다가 멈춰 서서 다시금 느껴 보라. 변화가 느껴지는가? 어느 지점에서 호흡이 느껴지는가?
- 여러 차례 '후' 소리를 내뱉되 '압력'에 변화를 줌으로써 매번 날숨의 길이를 달리 해보라. 그리고 또 다시 감각을 살펴보라. 무엇이 변했는가?
- 상체를 늘어뜨리듯 숙여 보라. 머리와 팔에 힘을 빼고 축 늘어뜨려야 한다. 이제 내키는 대로 신음을 내뱉어라. '우아ㅡ', '푸우ㅡ', 어떤 소리든 좋다. 그 뒤에는 척추를 조금씩 펴는 기분으로 몸을 바로 세우고 다시금 느껴 보라.

호흡에 자주 집중하면 스트레스 상황에서 자신의 몸에 초점을 맞추기가 쉬워진다. 의식적인 호흡을 자주 하다 보면 현재 내면에서 벌어지는 현상을 늦출 수도 있다. 일어난 일에 휘말리지 말고 관찰자 입장이 되어 보라. 이때 호흡이 도움이 된다.

스트레스 없이 늘 좋을 수는 없겠지만 미국의 심리학자 릭 핸슨_{Rick} Hanson은 하루 중 모든 일이 순조로웠던 순간을 상기하는 것이 매우 중요하다고 말한다. 잠깐이었든 조금 긴 시간이었든 기분이 좋았던 때를 떠올려 보라. 이런 순간들을 떠올리다 보면 자연스럽게 혈압이 낮아지고 심장 박동도 느려진다. 당신이 할 일은 그런 순간이 자연스럽게 떠오르도록 그와 관련된 좋은 감정을 포착하는 것이다. 평소보다 약간 길게 10~20초 정도 이를 잡아두어라. 한 손을 심장에 얹고 심장 박동을 느껴보는 것도 방법이다.

이를 더 오래, 그리고 자주 반복할수록 당신의 몸도 이 기분 좋은 느낌에 익숙해질 것이다. 뇌가 이 느낌에 길들여지고, 부정적인 것에 신경을 덜 쓰게 되기까지는 어느 정도 시간이 걸릴 것이다. 릭 핸슨은 이렇게 이야기한다. "내면의 행복과 기쁨이 얼마나 삶을 풍성하게 해주는지 느껴봄으로써 그 감정과 연결고리를 맺을 때 우리는 근심이 닥쳐도 평정을 잃지 않는다."

보디스캔: 평정을 되찾아라

낮 동안 혼자서 명상이나 휴식을 할 시간을 내기 어렵다면 늦어도 잠자리에 들기 전에는 짬을 내어 자기 자신과 신체에 주의를 집중해 보라. 보디스캔은 아이와 함께 수면의식 삼아 시도해 볼 수 있는 쉬운 이완 훈련이다. 당신이 조만간 이 책 없이도 편안히 잠자리에 들 수 있기를 기대하며 지금부터 그 방법을 자세히 서술한다.

훈련: 보디스캔

- 침대에 등을 대고 누워 온몸에 주의를 집중한 뒤 차분하고 고요하게 호흡하라.
- 몸으로 호흡을 의식하라. 효과를 높이기 위해 한 손을 배에 올리는 것도 좋다. (배를 바닥에 대고 엎드린 자세에서는 호흡이 한층 더 명확하게 느껴질 것이다.)
- 따스한 햇살이 당신의 몸에 내리쬔다고 상상하라. 기분 좋은 온기를 온몸으로 느껴 보라.
- 발가락 끝에 주의를 집중하라. 발가락이 서로 스치는 것을 느껴 보라. 발가락이 이불이나 매트리스에 닿아 있는가? 발가락의 느낌은 어떤가? 차거나 따뜻한가? 이완되어 있는가, 혹은 경직되어 있는가? 약간 움직여도 좋다. 이제 발가락에서 주의를 풀고 의식적으로 몸을 이완시켜라.
- 이제 주의를 종아리 쪽으로 옮겨라. 이때도 감각을 곤두세우고 다리가 어디에 얹혀 있는지, 이불이 다리에 닿는지 느껴 보라. 다리는 따뜻한가, 차가운가? 발가락을 느낄 때와 같은 물음을 스스로에게 한 뒤 의식적으로 몸을 이완하라.
- 그 외의 모든 신체 부위를 하나씩 스캔하듯 훑으며 같은 질

문을 반복하라. 무릎, 허벅지, 엉덩이, 성기, 복부, 등, 흉부, 어깨, 팔의 윗부분과 팔꿈치, 아랫부분, 손, 손가락, 그리고 팔을 타고 되돌아가 목과 머리, 얼굴도 마찬가지다.

- 이렇게 하는 사이 당신은 잠들어 버렸을지도 모른다. 아직 잠들지 않았다면 계속해서 온몸이 이완되는 것을 의식하면서 편안한 상태로 빠져들어라.

3장

아이와의 대화:
이게 바로 나야. 넌 누구니?

부모로서의 삶은 준비한다고 되는 것이 아니다.
부모가 자녀의 결정에 관해 진지하게 성찰하고 자신의 실수를 인정할 때
아이는 자신이 부모에게 받아들여진다고 느낀다.
이것이 바로 부모가 아이를 이끌어주는 올바른 방법이다.

엄마, 엄마 말이 들리지 않아요!

아이와의 의사소통에 문제가 생기면 갈등이 벌어지고, 이는 부모와 아이 모두에게 고통을 준다. 좋은 의사소통이란 무엇인가? 이 질문에 답하려면 언어는 물론 신체적·정신적 마음가짐까지 검토해야 한다. 당신은 어떻게 말하는가? 자신을 아이와 얼마나 연결시키는가? 아이의 눈을 똑바로 바라보며 당신이 그 자리에 있음을 알리고 스스로를 내보이는가?

아이가 당신의 말을 듣지 않는다거나 모른 체하면 화가 치미는가? 아이가 당신을 무시하면 화가 나는가? (그런데 아이가 정말 당신을 무시한 걸까?) 그렇다면 이제 두 가지를 검토해 보자. 당면한 상황에서 뭔가 해묵은 것, 다시 말해 유년기의 경험이나 기억이 지금의 상황을 촉발시킨 것은 아닌가? 당신은 어린 시절의 가족에게 받아들여졌는가? 과연 당신은 자아의 바람과 욕구에 귀를 기울이고 있는가? 당신의 과거는 어땠는가, 그리고 당신이 스스로를 어떻게 대하는가가 첫 번째 핵심이다. 다른 하나는 아이와의 의사소통과 관련이 있다. 여기서 화두로 삼고자 하는 것도 바로 이것이다. 아이는 과연 당신의 말을 들었는가? 누군가 자신에게 말을 건다고 느꼈을까? 당신은 아이에게 어떻게 말하는가?

집안의 이편과 저편에서 서로를 향해 소리치듯 대화하는 습관을 가진 사람들이 있다(아마 당신도 그런 적이 있을 것이다). 가령 배우자가 거실에서 텔레비전을 보고 있는데, 다른 배우자가 "준비 다 됐어? 이제 나가야 해!"라고 큰소리로 말한다. 이런 식의 의사소통이 일상인 집에서라면 배우자도 "알았다고!"라며 똑같이 큰소리로 대답할 것이다. 일상생활을 하다 보면 본의 아니게 이런 식의 대화를 하게 되는 경우가 있다. 지극히 사소한 일을 가지고 매번 상대방에게 다가가 눈높이를 맞추고 시선을 마주한 뒤 그를 똑바로 응시하며 한마디 한마디 또박또박 이야기하는 게 오히려 이상하지 않은가? 그러나 자녀와의 일에 있어서는 필요 이상으로 과장하는 것이 좋다. 항상은 아니라도 가능하면 자주 그렇게 해 보라.

자녀에게 이처럼 실질적으로 접촉하지 않는 것이 아이가 당신의 말을 듣지 못하는 원인일 수도 있다. 자신의 세계에 빠져 있느라 누가 말을 걸고 있음을 자각하지 못하는 것이다.

의식 있는 부모들은 무릎을 꿇고 살다시피 한다. 아이에게 굽실댄다는 의미가 아니라 신체적으로 눈높이를 맞추는 것이 얼마나 중요한지 잘 안다는 뜻이다. 아이의 눈을 들여다볼수록 그 너머에 숨어 있는 것을 '읽어' 낼 수 있다.

사려 깊은 의사소통만으로도 수많은 오해와 갈등을 막을 수 있다. 자녀와의 관계에서는 물론이고 친밀한 다른 사람들과도 마찬가지다. 서로를 마주볼 때 진정 그 자리에 함께 있는 것이며, 바로 여기서 접촉을 넘어 연결고리가 탄생한다. 컴퓨터 앞에 앉은 채 또는 청소기를 돌리며 방 건너편에 대고 큰소리를 내는 일은 없어야 한다.

당신의 이야기를 하라

자신의 감정에 관해 무언가를 내보일 수 있는 기회가 왔을 때 도리어 말을 아끼고 움츠러드는 경우가 있다. 그리고는 자기 자신이 아닌 '어떤 사람'이라는 두루뭉술한 주어를 쓴다. 명확하고 개인적인 '싫어!'라는 말도 이때는 익명성을 빌린 '그러면 안 돼!'로 위장된다.

당신을 드러내라. 당신에게 중요한 게 무엇인지, 당신이 바라는 것이 무엇인지, 반대로 원치 않는 것은 무엇인지 정확하게 알려라. 자녀에게도 마찬가지다. 겁쟁이는 친밀하고 명확한 관계를 맺을 수 없다.

자신에 관해 이야기하는 것이 중요한 이유는 또 있다. 아이와 스트레스 상황을 겪을 때 당신에 관해서가 아니라면 대체 누구에 관해 이야기할 것인가? 아마 당신은 아이를 주어로 삼을 것이고, 이런 말들을 할 것이다.

- 너는 정말이지 나를 미치게 하는구나!
- 넌 구제불능이야!
- 네 탓이야!
- 도대체 너는 언제 다른 걸 할래?
- 도대체 너는 왜 이리 까다롭니?
- 너 또 무슨 일을 저지른 거야?

당신은 이런 식으로 아이를 평가하는 동시에 당신의 감정에 대한 책임까지 덧씌움으로써 아이에게 고통을 줄 것이다. 심지어 아이의 상태나 그 원인에 관해 제대로 고민하기 전에 숨어 버리는 사람들도 있는데, 이는 잘못된 방식이다. 말할 때는 아래처럼 자신을 주어로 삼아야 한다.

- 내가 지금 너무 힘들구나.
- 내가 뭘 어찌해야 할지 모르겠어.
- 나는 지금 기분이 별로 좋지 않아.
- 내가 너를 어떻게 도와줘야 할지 모르겠구나. 미안하다.

- 나는 잠깐 바람을 쐬고 와야겠어.
- 내 기분이 어떤지 나도 모르겠어.
- 지금 상황이 나에게는 너무 부담스러워.
- 가끔은 나도 기진맥진해서 어떻게 해야 할지 막막해.

사례: 재닌, 마리암, 알렉스

딸아이의 유치원 친구인 알렉스가 엄마 마리암과 함께 우리 집에 놀러왔을 때의 일이다. 우리는 아이들을 거실에서 놀게 하고 주방 식탁에서 커피를 마시며 이야기를 나누고 있었다. 얼마 전에 우리는 다른 엄마들과 놀이 만남을 하고 레스토랑에 가서 다함께 식사를 한 적이 있다. 우연찮게도 딸아이와 알렉스가 한 소파에 나란히 앉았는데, 그때마다 알렉스는 소파 위에서 펄쩍펄쩍 뛰거나 자리에서 일어나거나 부산스럽게 몸을 움직였다. 솔직히 말해 고역이었다.

그런데 그날 저녁 알렉스보다 훨씬 더 내 관심을 끈 것은 그의 엄마 마리암이었다. 아들의 부산스러운 행동 때문에 붉으락푸르락하고 있었기 때문이다. 마리암은 알렉스의 행동을 수치스럽게 여기는 것 같았다. 그는 근심스러운 시선으로 주변 사람들의 눈치를 보고 있었다. 다른 손님들이 "저 아이 좀 봐. 엄마가 자식을 도대체 어떻게 키우는 거지?"라고 수군대기라도 하는 것처럼 말이다.

남의 말보다 내 아이가 더 중요하다는 사실은 차치하고, 남들이 수군댄다는 것은 마리암 혼자만의 억측이었다. 그럼에도 그는 온몸이 경직된 채 양손을 무릎에 얹고 주먹을 꽉 쥐고 있었다. 그리고 탁자 건너편의 아들을 향해 몇 번씩이나 소리 죽여 으름장을 놓았다. "그렇게 행동하면 안 돼!" "알렉산더, 어서 자리에 앉아!" 그러나 아이는 아랑곳하지 않고 계속 움직여 댔다. "당장 앉지 않으면 집에 갈 거야!" 그가 이렇게 말한 이유는 기분이 언짢고 곤혹스러운 탓이었다. 아들의 행동을 변화시키려면 어떻게 해야 하는지도 몰랐다. 그의 말과 행동에서 오는 긴장감이 나에게까지 전해질 정도였다.

같은 '엄마 입장'이었던 나는 곧바로 행동을 개시했다. 지금까지 지켜본 것만으로도 충분했다. 나는 알렉스에게 내 딸아이 옆에 앉는 게 어떠냐고 물은 뒤 곧장 두 아이와 대화를 시작했다. 유치원에 관해서도 이야기하고, 아이들에게 그날 하루가 어땠는지 묻기도 했다. 비로소 마리암도 조금 안도한 기색이었다. 그가 화장실에 갔을 때 알렉스는 또다시 몇 번 소파 위에서 깡충거렸다. 나는 아이에게 앉으라고 한 뒤 음식점에서 식사를 할 때 조용히 앉아 있는 일이 어째서 중요한지를 설명해 주었다. 그러자 그 화제를 시작으로 대화가 이어졌고, 알렉스와 내 딸아이도 자신들에게 방해되는 것이 무엇인지 조잘조잘 이야기했다. 정말 흥미진진한 대화였다!

다시, 두 사람이 우리 집에 놀러온 날로 돌아와 마리암과 대화하던 중에 그날 저녁식사 자리가 화제에 올랐다. 그는 내가 아이들과 이야기하는 동안 편하게 식사를 할 수 있었다고 고마워하며 아이들과의 대화가 '괜찮았는지' 물었다. 나는 이렇게 대답했다. "물론이죠. 안 그랬다면 시작도 하지 않았을 거예요."

마리암과 알렉스의 관계가 그리 원만하지만은 않다는 것을 나는 알고 있었다. 주변 사람들에게서 아이가 '지나치게' 산만하다거나 '너무' 시끄럽다는 말을 들었기 때문이다. 마리암에게 아이의 행동을 변화시켜 줄 이런저런 훈련을 추천하는 이도 있었다. 나는 말도 안 되는 방법이라고 딱 잘랐다. 아이에게 무슨 문제가 있는 것은 아닌지 고민하느라 마리암의 근심과 스트레스는 이만저만 아니었다.

그는 그런 문제를 겪지 않고 아이를 키우는 비법이 무엇인지 궁금해 했다. 나는 어깨를 으쓱하며 대답했다. "느긋하게 생각해서 그런 게 아닐까요?" 깜짝 놀라는 그를 보며 나는 말을 이었다. "아이들은 부모의 기분이 나아지도록 감정을 살펴주는 것을 거부해요. 아마 알렉스도 그 상황에서 엄마의 스트레스를 감지했을 거예요. 마리암 당신이 여유롭게 식사하려면 어떻게 하는 게 좋은가요?"

그는 곧바로 대답했다. "집에서 먹는 게 좋아요. 두 번 다시는 다른 엄마들과 식당에 가지 않을 거예요. 다음에는 당신이 아이와 함께 우리 집에 놀러오세요." 그녀는 미소를 지었다.

여기서 어떤 일이 벌어졌는가? 마리암은 결단을 내리고 자신에게 맞는 해결책을 찾았다. 나아가 나와도 이를 공유하며 자기 자신과 '이상적인' 식사에 관한 생각을 피력했다. 그가 자신의 바람을 스스로 실현시키자 아들은 엄마의 바람을 들어주는 역할에서 벗어날 수 있었다. 비로소 나는 그가 어떤 사람이며, 어떤 행동방식을 갖췄는지 알 수 있었다. 관계의 고리를 맺는 일도 가능해졌다. 어쩌면 그가 (아들을 비롯한) 친밀한 사람들에게 서서히 마음을 열고 자기 생각을 피력할 수 있게 되는 첫 걸음이었는지도 모른다.

> 아이에게는 당신의 바람을 이루어 줄 의무가 없다.

몇 가지를 곰곰이 생각해 보자. 당신의 아이는 당신에게 중요한 것이 무엇인지 알고 있는가? 당신이 무엇을 좋아하고 무엇을 싫어하는지 알고 있는가?

당신은 혹시 규칙 뒤에 숨어 가식적인 화법을 쓰는가? 아이가 유치원 친구에게 당신에 관해 이야기한다고 상상해 보라. 아이는 어떤 이야기를 할 것인가?

어떻게 하지? vs. 나는 어떻게 하고 싶은가?

'어떻게 하지?'만큼이나 우리가 육아에서 자주 부딪치는 물음은 없을 것이다. 부모로 살다 보면 막막한 기분이 드는 순간들을 수없이 경험할 수밖에 없다. 어떻게 하라고 가르쳐주는 사람이 있다면 좋겠지만, 이는 현실적으로 불가능하다. 그러니 끊임없이 자기 자신과 대화를 나누고 머리를 쥐어짜서 어떻게든 답을 찾아내야 한다. 이 과정에서 전문가의 도움을 받을 수 있겠지만 그가 당신의 짐을 완전히 덜어 주는 것은 아니다.

성공적인 인간관계를 만드는 문제에 관한 한 보편적인 원칙은 존재하지 않는다. 그에 이르는 길은 평탄하지 않으며, 지름길도 없다. 또한 누구도 그 길을 대신 가 주지 못한다. 인간관계와 관련된 질문에 보편적인 대답을 찾다 보면 금세 '사람은' 이러이러해야 한다거나 하지 말아야 한다는 식의 두루뭉술함의 덫에 걸리고 만다.

아이와의 관계를 가꾸어 나가는 데 관심이 있다면 기존의 구조와 경직된 방식들을 타파할 용기가 필요하다. 사람들은 옛것이 안전한 방식이라고 주장하지만 이는 근거 없는 이야기다. 맞지 않는 신발과도 같은 것에 이리저리 끌려 다니며 시간을 낭비하지 마라. 그보다는 자신과 애정 어린 대화를 나누어라. 모든 사람의 유일한 공통점은 바로 모두가 제각각이라는 데 있다. 인간관계도 마찬가지다. 친구들과 비교하다 보면 비슷한 점이 눈에 띌 수도 있으나 완벽히 똑같은 관계란 단 하나도 없다.

인간관계를 의식적으로 가꾸어 나가기 위해서는 지금 이 순간에 집중하고, 자기 자신과 의식적으로 접촉하며 타인을 인지하는 일이 요구된다. 잘 알고 있겠지만 이를 실천하기란 무척 어렵다. 스트레스를 받으면서도 자신과의 연결고리를 유지해야 하는 것은 물론 고민에 고민을 거듭해야 하는 일이 발생하기 때문이다.

엄마이자 여성, 배우자, 직업인으로서 당신이 거듭해서 던져야 할 질문은 "어떻게 하지?"가 아닌 "나는 어떻게 하고 싶은가?"이다. 스스로에게 그렇게 물어보라. 무엇을 하고 싶은가? 결코 하고 싶지 않은 것은 무엇인가? 할 수 있는 것은 무엇인가? 혹은 'Stop doing, start being!'이라는 관념을 발판 삼아 과연 무언가를 해야만 하는 것인지도 고민해 보라. 그런 다음 스스로 결정을 내려라. 최선을 다하되 당신의 결정이 항상 아이의 입맛에도 맞을 것이라는 기대는 버려라.

모두의 바람과는 달리 부모로서의 삶은 준비한다고 되는 것이 아니다. 당신 자신과 당신의 자녀에 대해 알고 싶다면 시행착오를 거치는 수밖에 없다. 아이와 관련된 문제를 특정한 방식에 따라 해결할 수도 있다. 그런데 이를 실행한 결과 판단 오류였음을 확인하는 경우가 많다. 이럴 때는 스스로를 용서하고 아이에게 사과하며 다음번에는 이를 개선하기 위해 노력해야 한다. 부모가 자녀의 최종 결정에 관해 진지하게 성찰하고 해결책을 찾으려 하며 자신의 실수를 인정할 때 아이는 자신이 진지하게 받아들여진다고 느낀다. 이것이 바로 부모가 아이를 이끌어주는 올바른 방법이다.

관계는 언제나 현재를 기준으로 삼아야 한다. 과감히 직시하고 자신을 지키며 그 자리에 머물러라. 아이를 보아 주고 그에 헌신하며 경탄하는 마음으로 관찰하고 애정 어린 마음으로 동행해 주어라. 당신은 아이에 관한 지도를 가지고 있다. 그러고 나면 아이에 관해 알게 된다. 아이 또한 당신에 관해 알게 된다. 단, 경직된 사고

> 당신 자신과 당신의 자녀에 대해 알고 싶다면 시행착오를 거치는 수밖에 없다.

와 분석에 빠져 현재를 놓치지는 마라. 아이는 물론 자기 자신과도 접촉하고 양쪽 모두에게 관심과 애정을 쏟아라.

'예스Yes'의 함정에 빠지지 마라

당신도 '예스'의 천국에 대해 알고 있을 것이다. 이런 부모들은 아이가 마음껏 환경을 탐색할 수 있게 하거나 뭐든 만져볼 수 있도록 집안 환경을 만들어준다. "안 돼!"라고 하지 않는 것이 이들의 원칙이다. 가령 아이가 탐색을 하다가 만지는 일이 없도록 독성이 있는 관상식물은 바닥이 아닌 창가나 그보다 더 높은 곳에 놓아둔다. 이처럼 짤막한 묘사만으로 '예스'의 천국이 지닌 복잡성을 다 설명할 수는 없겠지만 여기서 말하고자 하는 것은 '예스'의 관계이다.

이제 아이에게 가능한 많은 것을 허용하는 양육 방식을 좀 더 넓은 관점에서 살펴보자. 거주 공간을 넘어 관계 전체를 보는 것이다. 말하자면 부모들은 이때 금지하거나 피하는 태도 대신 '허용하는' 태도를 취한다. "아이에게 긍정적인 말만 들려주고 싶어!"가 이들의 핵심 사고방식이다.

당신도 아이가 바람이나 의지를 피력하기도 전에 "안 돼!"라고 해본 적이 있을 것이다. 이때 실망한 아이가 하려던 말을 계속 이어 가면서 상황은 난감해진다. 애초에 아이가 뭔가를 요구하려던 게 아니었는데 당신이 지레 짐작으로 거절부터 했다는 사실이 밝혀지기 때문이다.

이제 '예스'의 양육 태도가 새로이 대두된다. '예스'라고 말하기 위해서는 일단 경청해야 한다. 즉 끝까지 귀 기울여 들어주어야 한다. 그러고 나면 아이의 바람을 들어주기 어려운 상황에서도 '예스'라고 말하기 위해 창의성을 발휘하게 된다. 바람을 가능하게 해 주는 것이 관건이다.

참고로 약속은 약속이며, 한 번 약속한 것을 어겨서는 안 된다. 물론 한두 번 거절하게 되는 건 어쩔 수 없다. 거절하면 안 된다는 법도 없다. 단, 진정으로 느끼고 고민한 뒤 의식적으로 결정해야 한다. 지금 이 자리에서 안 된다고 말할까? 정말 안 된다고 생각해서 그러는 것인가, 아니면 그래야 한다고 배웠기 때문인가? 당신은 지금 성인으로서 의식적으로 결정하는 것인가, 아니면 유년기의 표본을 따르고 있는 것인가?

이런 고민에는 또 한 가지 장점이 있다. "안 돼!"라고 말하는 일이 적어질수록 그것의 의미는 더욱 커진다. 아이는 당신이 기본적으로 자신의 바람을 들어주려 애쓰고 모두가 받아들일 수 있는 대안을 모색한다는 것을 안다. 그래서 한 번 "안 돼!"라는 말을 들으면 매번 거절당했을 때보다 그 말의 무게와 의미를 훨씬 크게 느낀다. 아이는 지금 이것이 당신에게 정말로 중요한 문제임을 알고 있으며, 그로써 당신은 아이에게 기준을 제공하는 셈이다. 아이는 이때 '엄마는 뭐든 안 된다고 하잖아!'라고 생각하지 않는다. 모든 것을 다 허락할 수 있는 건 아니잖은가. 그런다고 큰일이 나는 것도 아니다. 다만 이때 대화를 나누고 함께 해결책을 모색할 수 있으며, 그로써 연결고리를 맺는 것도 가능하다.

- "그래, 장을 먼저 보고 나서 그걸 하자꾸나."
- "그래, 그런데 그것을 어떻게 해야 할지는 더 고민해봐야겠다."
- "그래, 내일 하자. 약속할게. 그래도 괜찮니? 저런, 안 괜찮아? 흠, 그럼 어떻게 할까? 네게 좋은 생각이 있니?"

이때 혼동하지 말아야 할 것이 있다. 아이가 실망할 것이 두려워 '예스'라고 말해서는 안 된다는 점이다. 당신이 원해서 나온 '예스'여야 한다! '예스'를 말할 때 핵심은 회피가 아니라 가능성을 모색하는 일

> 다른 누군가를 향한 '예스'가 당신 자신에게 '노No'를 의미해서는 안 된다.

이어야 한다. 두 가지 사이에는 매우 큰 차이가 있다. 수많은 사람들이 내키지 않아도 '예스'라고 말하는 경향이 있기 때문이다. 상대방이 실망할 것이 두려워 '예스'라고 대답해서는 안 된다. 다른 누군가를 향한 '예스'가 당신 자신에게 '노No'를 의미한다면 이제는 바꾸어라.

4장

두려움과 사랑,
무엇이 당신을 이끄는가?

두려움을 떨쳐내려 애쓰지 마라.
두려움을 두려워하느라 아무것도 하지 못할 것인가?
당신이 그에 어떻게 대처하는지, 언제 두려움에 휘둘리는지
당신의 자녀도 모두 지켜보고 있다는 것을 기억하라.

두려움의 정체

무언가를 하도록 당신을 움직이는 것은 두 가지다. 하나는 두려움이고, 다른 하나는 사랑이다. 두려움이라는 말에 이맛살을 찌푸리며 '두려움이라고? 에이, 내게는 두려움 따위는 없어!'라고 생각할지도 모른다. 그러나 이 개념에는 당신이 생각하는 것 이상의 의미가 내포되어 있다.

두려움이란 당신이 체험하거나 경험하거나 느끼고 싶지 않은 모든 것이다. 상실감, 굴욕, 비하, 분개, 격노, 분노, 근심 모두 두려움을 이루는 요소들이다. 두려움은 또한 거울 앞에 섰을 때 떠오르는 '좋지만은 않은' 모든 것이자 자녀와 배우자가 기대를 채워주지 못했을 때 당신이 생각하는 모든 것이기도 하다.

당신은 이 모든 것을 경험하고 싶지 않을 것이다. 아마 모든 사람이 그럴 것이다. 그러나 두려움을 안고 행동하고, 그로 인해 무언가를 피하려 할 때 당신은 불가피하게 악순환에 걸려들고 만다. 회피는 연결고리를 만들어내지 못한다. 무언가를 외면할 경우 당신은 그것과 엮인 감정들을 자신으로부터 분리시키게 되고, 동시에 그 감정에 대처할 수 있는 가능성에서도 멀어진다.

> 두려움은 당신이 체험하거나 경험하거나 느끼고 싶어 하지 않는 모든 것이다.

앞서 언급한 데이비드 슈나크는 "화가 났을 때는 누구도 마주하지 말라"고 말한다. 여기서는 이 말을 조금 더 확장해 보려 한다. 감정 과잉 상태일 때, 즉 당신이 감정을 다스리는 게 아니라 감정이 당신을 지배할 때는 결코 누구를 만나지도 말고 행동하지도 마라. 예스퍼 율도 "쇠가 차가울 때 연마하라"고 말했다.

사고가 가능할 때만 사려 깊은 행동을 할 수 있다. 안타깝게도 감정, 두려움, 회피가 당신을 지배하는 순간은 여기에 해당하지 않는다. 입을 다물고 묵묵히 견디라는 것이 아니다. 이는 올바른 해결책이 될 수 없다. 분노와 분개를 삼켜 버리는 것은 소리를 지르는 것과 마찬가지로 회피 전략이다. 두 방식 모두 감정으로부터 당신을 멀어지게 만든다. 그보다는 현재 당신의 내면에서 일어나는 일에 대처하는 훈련을 하라고 제안하고 싶다.

예를 들어 당신이 지금 청소를 하고 있다고 가정해 보자. 정말 오랜만에 집 안이 반짝반짝 빛난다. 그런데 주방에 가 보니 불과 몇 분 사이에 아이가 그곳을 난장판으로 만들어 놓았다. 사방에 밀가루와 물이 뒤섞인, 그야말로 엉망진창이다. 아이는 그 한가운데서 놀이 삼매경에 빠져 있다. 이 상황에서 화가 치밀어 오르지 않을 사람이 있을까? 이 순간이 바로 당신의 내면에 귀를 기울이고 스스로에게 이렇게 물어야 할 때다.

- 나의 내부에서 무슨 일이 벌어지고 있는가?
- 내 몸 안에서 무엇이 느껴지는가?
- 어느 부위에서 그것을 느끼는가?
- 심장 박동이 빨라지는가?
- 숨이 가빠지는가?
- 근육이 수축되는가?
- 턱에 힘이 들어가는가?
- 배가 안쪽으로 당겨지고 어깨가 치켜 올라가는가?
- 이마를 찌푸리고 이를 꽉 깨물고 있는가?

이제 당신의 내면에 끓어오르는 이 에너지를 어떻게 해야 할까? 당신이 반드시 피하고자 하는 것은 무엇인가? 엉망진창이 된 주방을 보고 싶지 않은 것인가, 아니면 현재 느껴지는 것을 느끼고 싶지 않은 것인가? 유감스럽게도 현실에 맞서 싸우는 일이라는 점에서 두 가지는 다를 바가 없다. 주방은 어차피 엉망이 되어 버렸다. 그것 때문에 죽기라도 하는가? 뭐 그렇게 느낄 수도 있다. 이제 어떻게 할까? 죽기라도 할 듯 펄펄 뛰며 공격 모드나 회피 모드, 또는 죽은 체하기 모드에 돌입하겠는가? 아니다. 이 중 무엇도 해서는 안 된다.

당신이 첫 번째로 할 일은 당신의 내부에서 일어나는 현상을 인지하는 것이다. 그 뒤에는 감정의 파도를 타라. 몸이 에너지를 견뎌내느라 힘들겠지만 1~2분만 버텨라. 그러고 나면 끝이다. 더 해봐야 향후 사흘쯤 만나는 사람을 붙잡고 난장판이 된 주방에 관해 하소연하는 정도일 것이다. 그 뒤에는 정말로 끝난다.

> 내면에서 화가 치밀어 오를 때 당신이 첫 번째로 할 일은 자신의 내부에서 일어나는 현상을 인지하는 것이다.

이렇듯 감정이 솟구칠 때는 그에 맞서기보다 능동적으로 대처하라. 어떤 결정을 앞두고 누군가에게 화가 치밀어 어찌해야 할지 모르겠다면 스스로에게 이렇게 질문하라. "사랑이 사람이라면 지금 어떻게 행동할까?" 그리고 대답을 기다려라. 행동은 그 다음에 해도 된다.

당신이 기본적으로 여유로운 품성을 지녔다면 난장판이 된 주방을 보는 순간 받은 충격은 금세 지나갈 것이다. 그 뒤에는 어느 정도의 훈련을 통해 다져진 의식적이고 사려 깊은 행동에 착수할 수 있다. 그러면 아무 문제도 없다. 그러나 기본적으로 내면이 여유롭지 못한 부모도 있다. 어쩌면 이런 부모가 더 많을지도 모른다. 왜일까? 수습해야 할 일이 너무 많아서가 아니라 끊임없이 두려운 모드에 처해 있기 때문이다.

이런 일은 장기간 두려움에 노출되어 있던 사람에게서 주로 발생한다. 예컨대 어린 시절 가정 내에 심한 다툼이 많았던 경우, 자녀에게 언어적 · 감정적 · 신체적 폭력이 가해진 경우, 자녀의 선의가 침해당하거나 부모의 말과 행동이 달랐던 경우 등이 그렇다. 말하지 않고 묻어 버린 것이 너무 많았던 경우, 아이가 부모 중 한쪽의 비밀을 공유해야 했거나 여전히 공유하고 있는 경우, 부모의 안위에 아이들이 책임을 느꼈던 경우도 마찬가지다. 열거하자면 끝이 없다. 그리고 이 모든 일은 당신의 부모와 그들의 부모, 또 그들의 선대가 두려움 속에서 살아야 했던 탓이기도 하다.

이중 메시지

이중 메시지 또는 이중 구속double bind은 의사소통의 덫이다. 엄마가 아이에게 "밖에 나가 흙을 가지고 놀아라"라고 말했다고 가정해 보자. 그러나 아이는 몸을 더럽혀서는 안 된다는 사실을 알고 있다. 그동안의 경험을 통해 엄마가 어떤 사람인지 알기 때문이다.

이럴 때 아이는 딜레마에 빠진다. 어떻게 해야 하나? 아이는 두 가지를 동시에 만족시킬 수 없다. 어떻게 해도 잘못인 것이다. 엄마가 아이와 이처럼 모순적으로 소통할 경우 아이는 진퇴양난에 빠지고 내적인 스트레스와 혼란, 불안에 사로잡힌다. 친밀한 애착 대상이 지속적으로 이런 행동을 할 경우 아이는 병들고 만다.

자신의 이름을 딴 치료법의 창시자이기도 한 애비 그린버그Avi Grinberg는 사자에게 쫓기는 동물의 모습이 담긴 비디오를 통해 지속적인 두려움을 묘사했다. 보통의 경우 사냥은 금세 끝난다. 추격에서 살아남은 동물은 충격을 가라앉힌 뒤 긴장을 풀고 다시금 평소의 상태로 돌아가 일상을 유지한다. 그러나 며칠에 걸쳐 사자에게 쫓기느라 긴장을 풀지 못한다면 앞으로 더 이상 강렬한 경험에 대처하지 못할 수 있다. 이처럼 장시간 지속되는 두려움은 크고 길며 기운을 완전히 소진시킨다.

당신이 아이 때부터 지속적인 두려움 모드에서 성장했다고 가정해보자. 그런 당신이 성인이 되고 가족을 꾸렸을 때 어떤 일이 벌어지겠는가? 아이(또는 배우자)로 인해 방아쇠가 당겨질 때마다 예전의 두려움이 깨어나고, 마침내 당신은 과거와 현재의 두려움을 더 이상 구별하지 못하게 될 것이다.

해묵은 두려움은 다시금 현실이 된다. 그러면 당신은 현재의 상황에서 도피해 머릿속으로 들어간다. 그러고 나면 더 이상 과거를 떠올릴 일이 없도록 아이를 변화시키거나 배우자를 통제하려 들지도 모른다. 예컨대 이제부터는 아이 혼자 주방에 들어가는 일을 금지하거나 배우자로 인해 당신이 꺼리는 감정을 느끼게 될 것이 두려워 배우자 혼자 외출하는 일을 막을 수도 있다.

> 더 이상 자기 자신에게서 해묵은 현실에 갇히는 대신 진짜 현실을 마주하라. 달아나서는 안 된다.

이런 회피 행동의 결과 주위 사람들은 모두 당신이 그어놓은 '두려움의 경계선' 안에서 살아가게 된다. 과거 당신이 부모의 경계선 안에서 살아야 했듯이. 참고로 이때 어린 자녀와 성인인 배우자 사이에는 극단적인 차이점이 존재한다. 아이는 계속 그렇게 살 수밖에 없는 반면 배우자는 당신 곁에 머물기 위해 치러야 할 대가가 지나치게 크다고 느껴 당신을 떠나갈지도 모른다.

이 악순환을 타파하려면 몸에서 일어나는 일, 다시 말해 통제되고 억압된 에너지를 스스로 책임질 수 있어야 한다. 당신에게 주어진 과제는 해묵은 현실에 갇히는 대신 진짜 현실을 마주함으로써 건설적인 감정 배출 장치를 마련하는 일이다. 더 이상 자기 자신에게서 달아나서는 안 된다. 성인으로서 새로이 자신과 마주함으로써 신체와 소통해야 한다. 에너지가 다시금 흐를 수 있게 함으로써 자신의 몸을 활용하고 스스로를 느껴야 한다.

당신에게는 이제 당신만의 공간과 집이 있다. 당신 자신을 집으로 돌려보내라. 당신은 어른이다. 더 이상 구속되어 있지 않다. 스스로 되고자 하는 존재가 되어라.

고통과 두려움에 대처하는 방법, P.A.S.S.I.O.N 프로세스

애비 그린버그가 고안한 P.A.S.S.I.O.N 프로세스는 고통과 두려움, 여타 해로운 감정에 대처할 수 있도록 자극을 준다. 이는 회피하려는 감정이기도 하다. 자기 자신은 물론 사랑하는 사람들이 이런 감정을 느끼는 것도 꺼린다. 이 감정들 역시 삶의 일부임에도 억눌러 버리는 것이다.

억압은 반동을 낳는다. 무언가를 강제로 누르다 보면 도리어 그것과 유착되고 만다. 인간은 두려움과 고통을 느끼지 않기 위해 많은 에너지를 소모한다. 그러나 이런 방식으로는 몸이 에너지를 제대로 활용할 수 없다. 오히려 회피 과정에서 무의미하게 에너지가 상실될 뿐이다. 그린버그는 두려움, 고통, 여타 거북한 감정에 압도당한다고 느낄 때 이를 억압하는 대신에 다음 프로세스를 활용하라고 제안한다.

- **주의 기울이기**Pay attention: 내면에서 거북한 감정이 일어날 때는 상황에서 벗어남으로써 자기 자신으로부터도 달아나려 하는 자동 행동에 빠지지 말고, 주의가 흐트러지지 않도록 조심하라.
- **동의**Agree: 고통이든 두려움이든 현재 당신의 내면에서 벌어지는 일에 내적으로 동의하라.
- **강화**Strengthen: 신체적인 경험을 한층 강화하라. 당신의 몸이 현재 자동으로 행하는 것을 부풀리고 과장하라. 몸 전체를 의식적으로 긴장 시키는 것도 하나의 방법이다. 나무판처럼 몸을 뻣뻣하고 경직되게 만들어 보라. 이 긴장 상태를 몇 초간 유지한 뒤 긴장을 풀고 느껴 보라. 느낌이 좋다면 마음이 가라앉을 때까지 이 과정을 반복하라. 시간이 된다면 '점진적 근육 이완법'도 시도해 보라. 의식적으로 가능한 모든 근육을 강하게 수축시켰다가 다시 이완시키는 방법이다. 한 신체 부위를 긴장시킬 때 다른 부위는 이완된 상태를 유지해야 한다. 이를 서서히 몸 전체에 적용하라. 각 부위의 긴장 상태를 약 5초간 유지했다가 10초 동안 이완시킨다. 눈, 눈썹, 이마, 입술, 혀 또한 수축시켰다가 이완하면서 느껴 보라.
- **스톱**Stop: 고군분투하던 상황에서 벗어나는 단계로, 마법과 같은

순간이라 할 수 있다.

- **심호흡**Inhale und exhale: 숨을 깊이 들이마셨다가 내뱉기를 여러 차례 반복하라. 횡격막이 움직이면서 꽉 막혀 있던 에너지가 다시금 원활히 흐르게 된다. 그로써 여전히 남아 있는 거북한 감정을 밖으로 흘려버릴 수 있다.

- **열림**Open up: 평정을 찾는 단계다. 흥분과 떨림이 감지될 수도 있는데, 이는 모두 에너지의 징후다.

- **새로움**New: 새 길과 가능성을 찾아라. 새로운 것과 미지의 경험에 열린 마음가짐을 가져라.

훈련: 두려움 없는 하루

두려움으로 인해 실행에 옮기지 못하는 꿈이 있는가? 두려운 마음에 아이에게 뭔가를 하지 못하게 하기도 하는가? 그것이 아이에게 정말 위험해서가 아니라 걱정스럽기 때문은 아닌가? 변화에 대한 두려움 때문에 득 될 것 없는 관계를 이어가고 있지는 않은가?

이제부터는 당신이 꿈을 꾸도록 독려하려고 한다. 두려움 없는 당신은 어떤 사람인가? 하루를 두려움 없이 보낼 수 있다면 그날은 무엇을 하겠는가? 무엇을 다르게 하고 싶은가?

시간을 갖고 다음 질문들을 하나하나 살펴본 뒤 당신만의 대답을 찾아보라. 대답이 언제 떠오르든 상관없다.

- 하루를 두려움 없이 보낸다는 상상이 당신에게 어떤 영향을
  미치는가?
- 그런 날은 어떤 하루가 될 것인가? 머릿속으로 이 하루를 그
  려보라.
- 이날을 어떻게 계획하겠는가? 잠자리에서 일어나 어떤 일을
  하고 싶은가?
- 누구와 대화를 나누고 어떤 말을 하고 싶은가?
- 이 두려움 없는 하루가 당신에게 어떤 기회를 가져다줄 것
  인가?
- 실제로 이를 실천할 용기가 있는가? 그렇지 않다면 이유는
  무엇인가?
- 두려움에서 벗어나 온전한 믿음을 품기 위한 첫걸음을 어떻
  게 내디딜 것인가?

상상력의 힘을 이용한 시각화는 머릿속으로 특정한 상황을
설정하고 거기에 감정을 이입해 보는 방법이다. 이 방법을 이
용하면 당신의 신체가 특정한 상상을 할 때 어떤 반응을 보이
는지 시험해 볼 수 있다.

- 두려움 없이 대화를 나누는 장면을 머릿속으로 그려볼 때 당
  신의 내면에서는 어떤 일이 일어나는가?
- 상상 속에서 당신은 누구와 이야기하고 있는가? 무슨 말을

하는가? 어떻게 말하는가?

- 상대방은 어떤 반응을 보이는가? 그것이 당신에게 어떤 영향을 미치는가?
- 두려움이 다시금 솟구치려 하는가?
- 상상 속에서 누구와 대화를 나눌 때 마음이 편하며, 누구와의 대화가 긴장감을 유발하는가?

스스로를 향해 이런 질문을 던져볼 수도 있다. "나는 내게 무엇을 허락하고 싶은가?", "오늘 스스로에게 어떤 것을 허락했는가?"

명심하라. 오늘 당신은 두려움에서 자유롭다. 비록 아직은 훈련 중이지만 말이다.

두려움을 두려워하지 마라

특정한 일을 시도했을 때 초래될 수 있는 결과를 상상하면서 극복할 수 없다는 생각에 종종 포기하는 경우가 있다. 그러나 사업가이자 작가인 팀 페리스는Tim Ferriss 두려움을 친구이자 척도로 삼으라고 조언한다. 두려움은 하지 않는 편이 나을 일들을 보여주기보다는 해야 할 일을 보여주는 경우가 훨씬 많다.

"내가 인생의 목표로 삼는 최고의 결과물, 즐거운 순간들은 모두 '최악의 경우 무슨 일이 벌어질 것인가?'라는 물음을 스스로에게 던진 뒤에 나타났다. 어린 시절부터 품어 온 두려움의 경우는 특히 그렇다. 당신에게 주어진 분석적 틀과 능력을 이용해 해묵은 두려움에 접근해 보라. 그것을 당신의 꿈에 적용해 보라."

이제 당신이 품고 있는 소망이나 염원 하나를 떠올려 보라. 그리고 그것을 다음과 같이 분석하라.

- 내가 그것을 실행할 경우 일어날 수 있는 최악의 일은 무엇인가? 소망을 실현시키는 데 성공했을 경우 상상할 수 있는 최악의 시나리오는 어떤 것인가?
- 최악의 경우를 예방하거나 그 일이 벌어질 수 있는 가능성을 줄이기 위해 내가 할 수 있는 일은 무엇인가?
- 그럼에도 최악의 일이 벌어졌다면 이를 원상태로 되돌리거나 조금이라도 개선하기 위해 나는 어떤 일을 할 수 있는가? 누구에게 도움을 청할 수 있는가? 그리고 실제로 누군가가 문제를 해결해 준 적이 있는가?
- 어떤 일을 시도하거나 부분적으로나마 성공하는 데는 어떤 장점이 있는가?
- 아무런 행동도 하지 않고 현 상태를 유지하고자 할 때 나는 어떤 대가를 치르게 될 것인가? 그 후 6개월, 1년 혹은 10년 뒤 내 삶은 어떤 모습이겠는가?

더 이상 두려움을 떨쳐내려 애쓰지 말고 길잡이나 내면의 나침반으로 삼아라. 두려움을 두려워하느라 아무것도 하지 못하는 자신을 보고 싶지 않다면 이를 기꺼이 받아들여라. 당신이 두려움에 어떻게 대처하는지, 언제 두려움에 휘둘리는지 자녀도 모두 지켜보고 있을 것이다. 이 역시 아이를 키우는 본보기가 된다.

5장

관용의 창을 넓혀간다는 것

누구도 끊임없이 평정을 유지할 수 없으며,
항상 의식적으로 행동하는 것도 불가능하다.
성인으로써 당신이 해야 할 일은
아이의 감정을 조절해주고 돕는 것이다.

관용의 창

이제 당신은 분노가 폭발한 뒤 90초 동안 당신을 지배한다는 사실을 알고 있다. 자신이 두려움과 사랑 중 어느 것에 의거해 행동하는지도 비판적으로 검토할 수도 있게 되었다. 그런데 뇌가 끊임없이 온몸으로 분노를 발산하려 한다는 느낌이 들면 어떻게 해야 할까? 앞서 설명한 '두려움 모드'에 갇힌 채 번번이 두려움에 의한 행동을 할 때는 어떤가? 어쩌다 한 번이 아니라 끊임없이 그런 반응이 튀어나와 자녀를 비롯한 친밀한 사람들과의 관계에 큰 영향을 끼친다면? 이때쯤이면 당신의 스트레스 수용도가 낮다는 것을 의식하고 '스트레스 관용의 창'을 서서히 넓혀 가야 한다.

'관용의 창'은 미국의 정신의학자 대니얼 J. 댄 시겔Daniel J. Dan Siegel이 수립한 개념으로, 개개인의 특정한 흥분 상태를 서술하는 데 사용된다. 이 창의 범위 내에서 당신은 대안을 모색할 자원과 가능성에 접근할 수 있다. 당신은 이에 의거해 '지금 여기'를 의식적으로 꾸며가고 정보를 수용해 소화하며 그에 적절히 반응할 수 있다. 이 창 안에서 당신은 편안함을 느끼고 타인에게 주의를 기울이며 주위 사람들과 접촉하고 관계를 유지해 나갈 능력을 갖추게 된다.

당신이 즐겨 앉는 편안한 소파가 있다. 그리고 소파와 마주보는 벽에 창 하나가 나 있다. 밖을 내다보는 당신의 몸에 따뜻한 볕이 내리쬔다. 밖으로는 해변이 보이고 파도소리가 솨솨 들려오며 당신은 청명한 하늘을 음미한다. 공기에 옅은 소금기가 묻어나 당신은 숨을 깊이 들이마시며 미소를 짓는다. 만족스럽기 그지없다.

개개인이 상상하는 여유로운 순간이 어떤 것이든 간에 그것이 바로 관용의 창, 정확히 말해 '스트레스 관용'의 창이다. 그 안에는 휴가를 즐기는 것 같은 감정과 장면이 들어 있다. 이곳에서 당신은 다시금 숨 쉴 수 있다. 긴장이 풀어져 있되 졸리지 않으며, 깨어 있되 두렵지 않다. 당신의 기분 상태가 이 상상 속 장면과 들어맞는다면 당신은 창문의 안, 다시 말해 '안전지대'에 있는 것이다. 모든 것이 더 할 나위 없이 평화롭고 순조롭다.

관용의 창은 사람마다 크기가 제각각이다. 삶이 흐르는 동안 어떤

과자극

이 영역에서 당신은 극도로 긴장되어 있거나 분노에 차 있거나 자기 통제 능력을 완전히 상실한 상태다.

조절 장애

이 영역에서 당신은 긴장감을 느끼며, 예민하고 짜증난 상태일 수도 있다. 감정이 분출되는 정도는 아니지만 거북한 기분이 든다.

관용의 창

이 창 안에서 당신은 안락함을 느끼고 기분이 좋은 상태이며, 인생에서 맞닥뜨리는 난관들에 의식적이고 책임 있는 자세로 대처할 능력도 갖추고 있다.

조절 장애

이곳에서 당신은 스스로를 닫아걸기 시작하며, 시스템 가동을 중단시킨다. 당신은 침울하고 피로한 상태다. 감정이 분출되지는 않으나 기분은 좋지 않다.

저자극

이곳에서 당신은 존재감 없고, 무감각하고 마비되었거나 얼어붙어 있다. 육체적으로든 정신적으로든 마찬가지다. 이 상태에서는 의식적인 결정이란 게 없이 몸이 이끄는 대로 끌려간다.

관용의 창 안팎에서의 자극 상태

것을 체험하고 경험하느냐에 따라 시시각각 크기가 변하기도 한다. 대체로 느긋하고 난관에 대처할 수 있는 제법 큰 창을 가졌다 해도 갑작스레 등장한 짐들이 이 창에 영향을 미칠 수 있다. 창은 고정되어 있는 게 아니라 끊임없이 변화하는 탓이다.

트라우마나 앞서 언급한 이중 구속 상태가 유년기에서 비롯된 것일 때 당신의 창에 어마어마한 영향을 끼친다. 최악의 경우 창문의 크기가 조그마한 구멍 정도로 줄어들 수도 있다.

협소한 관용의 창을 가진 사람은 많은 상황에서 차분함과 집중력을 발휘하기가 어렵다. 사소한 것들이 평온을 앗아가고 구석구석에 위험이 도사리고 있기 때문이다. 작은 창은 당신과 당신의 삶, 그리고 관계를 꾸려나갈 수 있는 능력까지 제한한다. 회색 영역을 지나 붉은색으로 표시된 위험 영역에 빠져들 경우 의식적인 결정은 불가능해지고, 행동의 선택지는 0을 향해 치닫는다. 뇌는 자동제어장치를 작동시키고 당신의 내적 균형은 완전히 무너진다. 난관에 능동적으로 대처하지 못하는 동안에는 그저 모든 일이 눈앞에서 일어날 뿐이다. 당황한 채 지켜보기만 하던 당신은 공격적으로 변하거나 도피하거나 뒤늦게야 "방금 무슨 일이 일어난 거지?"라고 스스로에게 묻는다.

대부분의 사람들은 대체로 일상에서 스스로를 잘 통제한다. 그러나 직장을 옮긴다거나 자녀가 한 명 더 태어남으로써 증가한 스트레스는 신경 체계가 견뎌낼 수 있는 한계를 넘어선다. 그러고 나면 성장해야 하는 순간이 다가온다. 부담을 줄여줄 새로운 것, 새로운 자원이 필요해진다. 이때는 스트레스를 줄이는 동시에 관용의 창을 넓혀 줄 밸브를 찾아야 한다.

스트레스 관용의 창 안에 머물 때 당신은 자녀에게 등대가 되어 줄 수 있다. 끊임없이 창 아래나 위로 (다시 말해 과자극 또는 저자극 영역으로) 움직일 경우 당신은 걸핏하면 소리를 지르거나 내적으로 무너져 버린다. 두 가지 모두 건전한 스트레스 조절과는 거리가 멀며, 당신과 당신의 인간관계, 자녀의 성장에까지 해를 끼친다.

아이들은 부모보다 행복해지려 하지 않는다. 부모보다 행복해지려면 자신의 창을 계속해서 넓혀야 하는데, 이는 곧 부모를 '뛰어넘어 성장'해야 함을 의미하기 때문이다. 생존하기 위해 부모와의 결속을 필요로 하는 탓에 아이들은 성장의 결과가 가져올 부모로부터의 분리를 두려워한다. 생존이 달린 문제인 만큼 아이들은 일단 자신의 것을 그대로 유지한다.

> 아이들은 부모보다 행복해지려 하지 않는다.

'부모에게서 벗어나기'라는 문제와 관련해 사람들은 '부모님이 나를 좋아해 주셨으면 좋겠어!'와 '나는 나일뿐이야!'라는 마음 사이에서 이리저리 흔들린다. 대다수는 성인이 되고 자녀를 낳은 뒤에도 여전히 이 화두에 매달린다. 제대로 이루어졌거나 이루어지지 못한 '탯줄 끊기'의 결과물은 늦어도 이때쯤이면 가시화된다. 이것이 아이와의 관계 또는 부부관계에 영향을 미치기 때문이다.

당신도 이에 해당한다면 이제 주변 사람들과의 관계를 의식적으로 가꾸어 나갈 수 있도록 한층 더 성장하고 관용의 창을 넓혀야 한다. 배우자나 자녀와의 관계에서는 물론이고 이제 막 조부모가 된 부모와의 관계에서도 마찬가지다. 이들 역시 지난 세월 동안 자신의 창을 의식적으로 넓혀 오지 않았을지 모른다. 지난 삶을 파악하는 것만으로 문제가 해결되지는 않지만 이는 자기 자신을 이해하기 위해 반드시 필요한 것이다. 앞으로도 당신의 인간관계와 그것을 보다 의식적으로 가꾸는 방법에 관한 내용이 계속해서 등장할 것이다.

공동 통제, 자기 통제, 외부 통제

뇌는 사회적 기관이다. 타인들과의 어울림과 교류를 통해 학습하기 때문이다. 관용의 창 역시 계속해서 변하지만 어떤 시기도 유년기만큼이나 관계 맺기 방식과 스트레스를 견디는 방식, 그리고 삶에 거는 기대를 결정짓지는 못한다.

영국인 심리치료사 수 게르하르트Sue Gerhardt는《사랑은 왜 중요한가》라는 책에서 아기의 최초 경험들은 성인이 된 후의 자아에 우리가 생각하는 것보다 훨씬 더 큰 영향을 끼친다고 말했다. "유년기 초반에 우리는 감정들을 체험하고 그에 대처하는 법을 배운다. 그리고 그 대처 방식에 따라 경험을 분류하기 시작하는데, 이것이 향후 우리의 행동방식과 사고 능력에 결정적인 영향을 끼친다."

이렇듯 유년기 초기는 인생에서 매우 결정적인 시기다. 미국인 신경학자 더그 와트Doug Watt의 표현을 빌리면 "기억하지 못해도 잊히지는 않는다."

말하자면 의식적으로 떠올릴 수는 없어도 그 사람의 행동방식과 기대에 지대한 영향을 미치는 것이다. 그러니 이 시기에 학습된 감정적 기대의 표본을 타파하기가 무척이나 어렵다는 것은 굳이 설명하지 않아도 알 것이다.

공동 통제

갓 태어난 아기의 신경 체계는 아직 완성되지 않은 상태다. 그래서 아기에게 맞추어 주고 아기의 감정에 섬세하게 반응함으로써 감정에 대처할 수 있도록 도와주는 '외부 자궁'으로서의 애착 대상이 한 사람 이상 필요하다. 이때 애착 대상은 스스로 자극에 대처할 수 있는 감정 조절 능력을 충분히 갖추고 있으며 아이의 기분에 좌우되지 않는다는 전제가 필요하다.

다미 샤프는 공동 통제가 '아이를 향한 애착 대상의 심오한 인간적 조율'이라는 의미를 갖는다고 말하며 이렇게 덧붙인다. "부모가 쏟는 완전하고도 애정 어린 보살핌은 아이로 하여금 이들이 곁을 지키며 자신의 고통을 인지하고 중요하게 여긴다고 느끼게 해 준다. 이런 내적 관념이 형성되어 있어야 비로소 공동 통제도 가능해진다. 부모가 다른 곳에 주의를 빼앗기거나 짜증이 나 있거나 분노할 때는 이것이 원활하게 이루어지지 않는다."

아이들은 만 3,4세 정도가 되어야 비로소 자기 통제 능력을 갖추는데, 이러한 성장에 바탕이 되는 것이 바로 친밀한 사람들과의 성공적인 애착 형성과 애정 어린 보살핌이다.

앞서도 언급했듯이 갓 태어난 아이는 혼자서 감정을 조절할 수 없다. 그래서 성인 애착 대상의 신경 체계에 '로그인'하고 그에 의존한다.

이 성인은 아이를 진정시키거나 알맞은 자극을 통해 고무시켜 주어야 한다. 아기가 가진 관용의 창을 넘어서는 모든 것을 부모가 적절하게 공동 조절해야 한다는 뜻이다.

그렇다, 엄마인 당신이 스스로를 조절할 수 있어야만 공동 조절도 가능하다. 당신의 부모는 그렇게 했는가? 아니면 역할이 바뀌어 도리어 당신이 엄마의 감정을 조절해 주어야 했던 것은 아닌가? 성인으로서 자기 조절이 얼마나 가능한가는 유년기에 이를 얼마나 제대로 배웠느냐에 달려 있다.

이제 막 세상에 나온 아기들은 아직 완성되지 않은 상태다. 어린 유기체 내의 다양한 시스템은 미완성의 상태에서 타인들과의 접촉을 통해 서서히, 그리고 천천히 발달해 나간다. 생애 첫 몇 달 동안 이 유기체에는 향후 정상치로 간주하게 될 자극 표준치가 설정된다. 아이의 시스템이 정상적인 것으로 간주하는 기준에서 초과되거나 미달되는 자극은 이 표준 상태에 맞추어 재설정되어야 한다. 다음은 게르하르트의 글을 인용한 것이다.

"우울증을 겪는 엄마의 자녀들은 스스로를 낮은 자극 기준에 맞추며 긍정적인 감정의 결핍에 익숙해진다. 불안한 엄마의 아기들은 흥분 과다 상태에 스스로를 맞추고 아무 이유 없이 감정이 폭발할 수도 있음을 학습한다. 그 자신이나 다른 누군가가 그에 대응해 할 수 있는 것이 극히 적다는 사실도 배운다. 혹은 상황을 극복하기 위해 모든 감정을 차단시키려 애쓰기도 한다.

반면 감정에 정교하고 세심하게 대처하는 부모의 손에 자라는 아기들은 주변 사람들이 자신의 감정을 공유하며 강한 자극 상태를 적정 수준으로 되돌리도록 도와줄 것이라고 기대한다. 이처럼 타인들이 자신의 감정을 조절해 주는 경험을 함으로써 아기는 스스로 이를 조절하는 법을 배운다."

생애 초기 애착이 삶에 미치는 영향

현재의 인간관계를 통해 생애 초기의 경험을 추론할 수 있다. 앞서 설명했듯이 아기들은 애착 대상의 공동 조절에 의존한다. 그런데 애착 대상이 젖먹이 아기의 신호를 무시할 경우, 아기는 아무리 고함을 치고 울어도 반응을 얻지 못하기 때문에 완전히 지쳐 떨어질 때까지 두려움과 공황을 경험하게 된다. 아기가 잠들거나 별안간 조용해질 때가 있는데, 이는 평화롭게 휴식을 취하는 것이 아니라 체념하고 차단하는 것이다.

애착의 첫 경험은 향후 아이의 자아상에 지대한 영향을 미친다. 사랑받는다고 느끼는가, 이 세상에 자기 자리가 있다고 생각하는가를 결정짓기 때문이다. 친밀한 접촉이 부족하거나 과도한 자극을 받는 애착 경험은 아이에게 트라우마가 된다. 후자의 경우 살아가면서 받는 지나친 자극을 스트레스로 느낀다. 감정이입과 공감 능력의 결핍 등 생애 초기에 받은 상처로 인해 관용의 창도 작은 편이다. 이때는 근본적인

> 애착의 첫 경험은 향후 아이의 자아상에 지대한 영향을 미친다.

고독에 휩싸인다.

많은 이들이 이후 스스로를 조절하기 위해 외부로부터 무언가를 필요로 하는데, 섹스, 알코올, 과도한 텔레비전 시청 등이 그것이다. 혹은 자기감정의 책임을 남에게 떠넘긴다. 이런 사람은 자신이 스트레스를 받지 않도록 배우자와 자녀들이 자기 생각대로 행동해 주기를 기대한다. 자기 조절 능력이 결여되어 있는 탓에 균형을 잃고 관용의 창 바깥 영역으로 떨어지지 않기 위해서는 외부의 조절이 필요하다. 그래서 성인이 된 뒤에도 행복해지기 어렵거나 행복의 감정을 오랫동안 유지하지 못한다.

유년기를 지나 오랜 세월이 흐른 뒤까지 나타나는 트라우마와 파괴적인 표본이 반드시 크고 작은 개별 사건에 의해 형성되는 것은 아니다. 자신을 더 잘 이해하기 위해 알아야 할 중요한 사실은, 지난 수십 년 동안 지배적이었던 양육 방식이 평정과 여유의 흔적조차 보이지 않는 신경 체계를 만들어내는 데 크게 일조했다는 점이다.

뇌가 스트레스를 받을 때

뇌가 스트레스를 받을 때 무슨 일이 벌어질까? 스트레스 상황과 마주쳤을 때 당신의 사고는 이성적인 해결책을 모색하거나 유연하게 행동할 수 있는 확률이 줄어든다. 그리고 자동적으로 유년기의 양육 표본을 사용하게 된다. 이를 막는 유일한 방법은 자기 관찰뿐이다. 즉 조금 더 인지하고 감지하고 수용하는 것이다. 현재 당신의 내면에서 일어나는 일에 대처하기 위해서다. 안타깝게도 어린 시절 충분한 기회가 없었던 탓에 어쩌면 당신은 성인이 된 뒤에야 이를 배워야 했을지도 모른다.

오늘날에도 특정한 감정이 들어설 여지를 주지 않는 가정이 여전히 있다. 이런 부모들은 자녀의 기분이 항상 좋게 유지되도록 하려고 끊임없이 애쓴다. 부정적인 감정으로 치부되는 분노나 슬픔은 가능한 빨리 제거해야 할 대상이다. 가령 아이가 넘어졌을 때 고통을 오래 느끼지 않도록 다른 곳으로 주의를 끌거나 아이가 느끼는 고통이 별 것 아니라는 듯 말한다. "용감한 아이는 울지 않아!"처럼 말이다. 그러다 보니 감정이 들어설 자리는 좁아지고, 아이들도 그에 건전하게 대처하는 법을 배우지 못한다.

모든 감정이 허용될 때, 다시 말해 감정이 들어설 여지를 충분히 주고 이를 느낄 수 있게 해줄 때 비로소 아이들은 그에 대처하는 법을 배울 수 있다.

> 모든 감정이 허용될 때 아이들은 그에 대처하는 법을 배울 수 있다.

격분이나 화, 두려움 등은 스쳐 지나갈 감정들이다. 어른들이 애정을 품고 이에 동반해 주면 아이들은 자기 자신에 대해 무언가를 배우고, 자신이 있는 그대로 존재하도록 허용되고 받아들여지는 경험을 한다.

아이는 다쳐서 고통스러워하고 있는데 어른은 그런 것쯤은 대수롭지 않은 일이라는 듯 보이면 애착 대상의 말과 아이가 느끼는 감정 사이에 괴리가 생긴다. 이 모순을 감지한 아이는 '내 느낌이 잘못된 건가?'라는 의문을 품게 된다. 이런 식으로 감정을 부정당한 아이는 성인이 되고 부모가 된 뒤 자신의 자녀가 그런 감정을 느끼는 것을 견디지 못한다. 그러다 아이가 분노를 표출하기라도 하면 즉각 회피 모드나 투쟁 모드로 돌변한다. 그러고는 숨이 가빠지고 가슴이 답답하며 신체의 긴장도가 높아지고 자기 자신과의 연결고리가 끊어져 버리는 극도의 스트레스에 휩싸인다.

앞서도 이야기했듯이 이런 상태에서는 아이가 처한 위기에 동반자가 되어 주거나 곁을 지켜줄 수 없으며, 표출된 감정을 참아내며 애정 어린 태도로 아이를 받아줄 수도 없다. 연결 고리가 끊어지는 탓이다. 토마스 함스는《아기의 눈물을 두려워하지 마라》라는 자신의 저서에서 이 현상을 매우 적절히 비유했다. "폭풍우에 흔들리는 작은 배를 안전하게 이끌어주어야 할 등대지기가 갑자기 불을 꺼 버리고 퇴근하는 것과 같다"는 것이다.

당신의 행동방식이나 감정적 반응의 원인을 탐색하다 보면 당신이 '끝맺지 못한 문제'와 투쟁하고 있음을 깨달을지도 모른다. 해결되지 못한 문제를 짊어지고 다니다 보니 이것이 주기적으로 문제를 일으킨다. 그리고 이는 자녀와 배우자, 나아가 자기 자신을 대할 때의 유연성까지 앗아가 버린다. 스트레스 상황에서 과거의 경험이 기세를 떨칠 경우 아이에게 귀를 기울이거나 자기 몸이 보내는 신호를 인지할 수 없게 되고, 이는 결국 행동하는 데 방해가 된다. 그러고 나면 당신은 과거의 경험에 갇힌 채 관련된 사람들을 좌절시키고 번번이 실패하는 행동방식을 취하기 마련이다.

사람들이 어떤 상황에서 어른스럽고 해결 지향적인 사고를 하는지, 언제 자동적으로 옛 표본의 올가미에 걸리는지를 명확히 판단하기 위해 시겔은 주먹 쥔 손과 펼친 손에 이를 비유했다. 이 손은 인간의 뇌를 상징하며, 우리가 언제 미끄러지고(펼친 손) 현재를 더 이상 의식적으로(주먹 쥔 손) 가꾸어나갈 수 없게 되는지 보여준다.

그럼 이제 주먹 쥔 자신의 손을 바라보라. 댄 시겔의 비유에 따르면 이때 손톱 위치에 전뇌가 있다. 이 영역은 20세 무렵에 완성된다. 이때야 당신은 비로소 자신에 관해 고민하고 자아와 자기 행동을 성찰할 수 있다.

전뇌는 시간과 논리적 관념을 담당한다. 세 살배기 아이를 향해 "네가 무슨 행동을 했는지 잘 생각해 봐!"라고 말하는 것은 두 사람의 관계를 고려할 때 합당하지 못한 발언이다. 또한 뇌 발달의 측면에서 보아도 지극히 무의미한 일이다. "초콜릿을 너무 많이 먹으면 이가 썩을

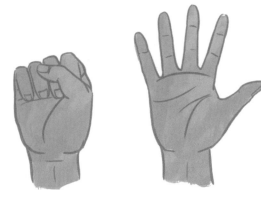

주먹 쥔 손 / 펼친 손

거야!"라는 말도 마찬가지로 아이의 뇌가 감당하기에는 역부족이다. 아이는 아직까지 그런 논리적 관념을 분석할 수 없기 때문이다.

다시금 이 그림을 뇌에 비유하면, 펼친 손의 안쪽에는 편도체와 대뇌변연계가 자리 잡고 있다. 편도체는 동기, 학습, 감정과 관련된 정보를 처리하는 데 중요한 역할을 한다. 인간의 감각 기관들은 이곳과 연결되어 있고 뇌는 주변 환경을 탐색하며 그것이 안전한지, 그렇지 않은지 평가하는 데 심혈을 기울인다. 6세에서 10세까지의 감정과 경험, 인상은 이곳에 자리 잡는다. 생애 초기의 수 년 간 '다운로드'된 모든 것도 마찬가지다. 개중에는 당신이 의식하는 것도 있고 그렇지 못한 것도 있다. 아이였을 때 당신은 스트레스에 어떻게 반응했는가? 생존하기 위해 어떤 방식으로 가족에게 당신을 맞추었는가? 사랑은 무엇이고 어떠한가? 인간관계는 무엇을 의미하는가? 이 모든 것이 지극히 자동적으로 이곳에 저장된다. 그래서 부모가 자녀에게 본보기를 보이는 일이 그토록 중요한 것이다.

문제는 편도체가 실질적 위험과 사회적 위험을 구별하지 못한다는 점이다. 예컨대 아이가 도로로 굴러간 공을 잡으려 따라가는 상황은 실질적 위험에 해당한다. 반면에 어떤 사람의 말이 당신을 거북하게 하거나 사람이 많은 쇼핑센터에서 아이가 바닥에 드러누워 떼를 쓰는 상황은 사회적 위험으로 분류할 수 있다. 전자, 즉 실질적 위험 상황에서는 뇌가 당신에게 즉흥적인 행동을 유발하는 것이 유익하고 또 중요하다.

위험이 닥쳤을 때 인간은 ('주먹 쥔 손'으로) 무엇을 해야 할지 마냥 고민하지 않는다. 자동으로 열린 손의 상태로 미끄러진 뒤 의식적인 행동이 아닌 불가피한 행동을 한다. 반면에 사회적 위험에 처했을 때, 다시 말해 아이가 떼를 쓸 때는 그러한 행동이 불필요하다. 그러나 뇌는 그렇게 하려 들고, 뇌가 합리적으로 '기능하지' 않는 탓에 당신 입에서는 원치 않는 말과 행동이 튀어나온다. 즉, 당신은 의식적으로 움직이고 있는 것이 아니라 '제정신이 아닌' 상태, 다시 말해 자신과의 접촉점이 끊긴 상태에서 행동하는 것이다. 그리고 이를 자각하지 못하는 사이에 오토파일럿이 작동된다.

스트레스 상황에서 전뇌가 오작동에 들어갔음을 보여주는 징후를 누구나 알아볼 수 있다면 얼마나 편리하겠는가? 그러면 굳이 해명하지 않아도 사람들이 사정을 이해할 테니 당신은 늘 자동으로 나오던 행동을 할 수 있지 않겠는가. 소리 지르고, 달아나고, 비난하고, 발을 구르고, 차고, 울고, 주저앉고, 날뛰어도 된다. 그러나 안타깝게도 그런 징후는 없기 때문에 어느 시점에 이르면 스스로 '스톱!'을 외치는 것이 매우 중요하다. 그리고 이때 자기 자신을 관찰하면 한층 더 도움이 된다. 당신은 감정에 이리저리 휘둘리는가? 혹은 "나는 화가 났다!"라고 의식적으로 말할 수 있는가? 후자의 경우라면 당신은 분노에 적절히 대처할 수 있다.

> 아이들은 의식적인 행동과 무의식적인 행동 사이에서 무수히 흔들린다.

아이들에게는 이것이 불가능하다. 아이들은 '의식적인' 행동과 '자동적인' 행동, 다시 말해 펼친 손과 주먹 쥔 손 사이에서 이리저리 흔들린다. 이는 대응하기도 까다로울 뿐더러 전염성도 있다.

이 시점에서 공동 조절의 필요성이 다시금 대두된다. 성인으로써 당신이 할 일은 아이들을 조절해 주고 돕는 것이다. 온전한 뇌, 즉 주먹 쥔 손의 상태로 아이들 곁을 지킴으로써 그들이 감정을 스스로 누그러뜨릴 수 있게 해 줘야 한다는 의미다. 하지만 눈코 뜰 새 없이 바쁜 일상에서 매번 평정을 되찾고 스스로를 관찰한다는 것은 지극히 어려운 일이다.

누구도 끊임없이 평정을 유지할 수 없으며, 어떤 뇌도 항상 온전히 작동할 수 없다. 언제나 의식적으로 행동하는 것도 불가능하다. 중요한 것은, 주변 사람들과 어울리고 건전한 관계를 맺기 위해 스스로에게 '스톱!'을 외치는 일이다. 좌절감에 빠졌을 때 당신이 특정한 행동이나 말을 한다는 사실, 험한 말이 목구멍까지 치밀어 오른다는 사실을 깨닫는다면 바로 그 순간이 '미끄러지려는' 순간이다. 이 순간을 인지하고 멈출 수 있다면, 다시 말해 자극과 반응 사이의 어마어마하게 짧은 순간을 늘리는 데 성공한다면 당신은 분노를 간파하고 적절히 대응할 수 있다.

분노하는 것은 괜찮다! 어차피 분노는 이미 표출됐다. 이제 남은 것은 이를 '어떻게' 처리하느냐이다. 아이의 감정 조절을 도와주고 싶다면 당신이 먼저 감정적으로 최대한 안전해져라. 이 과정이 어떻게 이루어져야 하며 스스로를 제어한 뒤에는 어떤 가능성들이 있는지는 앞의 C.I.A. 위기 대응 플랜에서 이미 설명했다.

> 아이의 감정 조절을 도와주고 싶다면 당신이 먼저 감정적으로 최대한 안전해져라.

당신의 창을 파악하라

관용의 창을 넓힘으로써 스트레스에 대한 저항력도 키울 수 있다. 다만 그렇게 하기 위해서는 우선 자신이 언제 이 '안전지대'를 벗어나 반응하는지를 의식해야 한다. 이는 쉬운 일이 아니다. 다양한 상황에서 당신은 무엇보다도 자신의 신체를 관찰해야 한다.

- 식은땀이 나고 심장 박동이 빨라질 때는 언제인가?
- 이를 악물게 되거나 가슴 부근에 압박감이 느껴질 때는 언제인가? 아이가 자기 의지를 관철하려 들 때인가?
- 안 된다는 말을 하려고 마음먹었으나 허락해 주고 싶어 마음이 흔들린 적이 있는가? 예를 들면 공공장소에서 바닥에 뒹굴며 떼를 쓰는 아이 때문에 창피해질 때 그런가?

일상에서 벌어지는 다양한 스트레스 상황을 떠올려 보라. 당신은 어떻게 반응하는가? 그 반응은 창 안과 바깥 중 어느 지점에서 벌어지는 것으로 볼 수 있는가?

상황 1: _____

상황 2: _____

상황 3: _____

관용의 창을 넓히는 방법

관용의 창이 가진 특별한 점은 당신이 이끌어내고자 하는 변화를 창의 외부 영역에서 시작하지 않아도 된다는 데 있다. 창을 보수하거나 넓히고 싶다면 편안하게 느껴지는 중간 영역에 초점을 맞추어라. 창의 내부에서 당신은 새로운 것을 시도할 수 있다.

관용의 창을 넓히기 위한 첫걸음은 자신이 서 있는 지점을 인정하는 것이다. 만성 스트레스에 시달리면서 이를 인지조차 못하고 있지는 않은가? 그렇다면 두려움으로부터 벗어나 자유로운 안전지대에 있을 때 새롭고 긍정적인 경험을 해 보아야 한다. 예를 들면 신체 심리 치료를 하거나 타인들과 어울리거나 트라우마를 치료하는 것 등이 그것이다. 이를 통해 새로운 깨달음을 얻고 관용의 창을 넓힐 수 있다.

> 관용의 창을 넓히기 위한 첫걸음은 자신이 서 있는 지점을 인정하는 것이다.

트라우마로 인해 창이 협소해진 상태에서는 이 과정이 무척 어려울 수 있다. 사람들과의 극히 사소한 접촉에도 자극을 받지만 그에 대응할 능력은 없기 때문이다. 이런 사람에게는 기쁨과 행복조차도 자극이 된다. 부정적인 자극뿐 아니라 긍정적인 자극도 균형을 깨뜨릴 수 있는 것이다. 이런 사람은 긍정적인 스트레스를 수용할 내구력을 기르고 상상 속에서 그 황홀한 감정의 '사진'을 찍는 법부터 배워야 한다. 자기 조절, 즉 '창 안에 머무는 것'은 평정을 되찾는 법을 배우고 강한 압박에도 이 상태를 유지하는 것을 의미한다.

의식적으로 자기 몸을 느끼고 지금 이 자리에 집중하기 위해 일상에서 쉽게 활용할 수 있는 훈련법이 있다. 1분도 걸리지 않는 간단한 방법이지만 마음을 한층 느긋하고 차분하게 가라앉히는 데 도움이 되는 방법이다.

평온하고 여유로운 순간이 올 때마다 당신의 몸을 관조하며 의식적으로 따라해 보라. 감정의 파도가 몰아칠 때 무엇을 해야 하는지 미리 경험하고 신체적으로 느껴 보도록 일종의 모의 훈련을 하는 셈이다.

훈련: 의식적으로 몸을 느껴 보기

- **중심잡기**: 느긋한 마음으로 몸을 펴고 서라. 한 손은 가슴에, 다른 한 손은 머리나 배에 얹어라. 몇 차례 조용히 심호흡을 하라. 숨을 깊이 가라앉히며 흉부가 당겨지는 것을 느껴보라. 몸속의 공기를 느끼며 들숨에서 복부를 넓혀라. 그 다음에는 숨을 천천히 내뱉으며 몸을 부드럽게 이완시키고 새로운 것이 들어설 공간이 생기는 것을 느껴라.
- **접지하기**: 느긋하게 몸을 펴고 서서 양발에 주의를 집중하라. 발밑의 바닥을 느끼면서 그것이 당신을 어떻게 받치고 있는지 인지하라. 앞, 뒤, 좌우 등 발의 다양한 지점으로 옮겨 가며 체중을 실어 보라. 무릎을 구부리거나 펴는 등 움직여 보라. 그런 다음 양쪽 다리에 체중을 골고루 실어라. 바닥이 당신을 받치고 있다. 당신은 아무것도 할 필요가 없다.
- **걷기**: 천천히 걸으면서 거기에 주의를 집중하라. 양발이 번

갈아 가며 바닥에 닿는 것을 느껴보고 무릎과 골반, 척추까지의 움직임을 인지하라. 걷는 속도에 변화를 주며 신체적 인지의 변화를 관찰해 보라.

미국인 심리학자 로라 커Laura Kerr는 스트레스를 받는 상황에서 여유를 되찾을 수 있는 여러 가지 훈련법을 고안했다. 여기에 몇 가지를 소개한다.

훈련: 응급 상황에서 여유 되찾기

- **감정에 압도당한다고 느낄 때**: 두 발로 바닥에 단단히 '닻'을 내린다고 상상하며 안락의자에 허리를 펴고 앉거나 똑바로 서라. 주위를 둘러보며 눈에 보이는 사물의 이름을 하나씩 불러 보라.
- **몸이 떨릴 때**: 깊고 차분하게 호흡하라. 가능하면 안락의자에 앉거나 소파에 누워 담요를 덮는 것도 좋다. 경우에 따라 머리까지 덮어쓰는 것도 도움이 된다.
- **무력감이 엄습할 때**: 팔 아래쪽을 천천히 압박하며 주변을 인지하고 감각을 활성화시켜라. 무엇이 보이고 무엇이 들리며 어떤 냄새가 나는가? 가능한 당신 주위에 있는 사물을 만져보며 그 과정에 집중하라.
- **심장이 쿵쾅거릴 때**: 발의 느낌을 인지함으로써 심장으로부터 주의를 돌려라. 바닥을 의식하며 그것이 어떻게 당신을

받치고 있는지 느껴보라. 자신이 땅 속에 단단히 뿌리를 내리고 있다고 상상하라.

- **자신이나 타인에게 상처주고 싶은 충동이 들 때**: 벽을 누르되 공격성이 분출되지 않게 하라. 감각을 양발에 집중한 뒤 그 곳으로부터 다리를 지나 상체, 팔, 목, 머리까지 서서히 위쪽으로 주의를 옮겨 보라. 땅과 연결된 자신을 느껴라. 천천히 심호흡을 하며 분노나 절망으로부터 주의를 돌려 신체를 인지한다는 생각을 끊임없이 하라.

6장
당신의 안정과 행복이 최우선이다

자녀가 생긴다는 것은,

이미 지고 있던 의무들에 더해 새로운 의무가 생기고,

최선을 다해 그에 맞추어야 한다는 것을 의미한다.

하지만, 자기 자신을 먼저 보살펴야만 비로소 소중한 사람들을 돌볼 수 있다.

스스로를 책임진다는 것

종종 자녀를 낳기 전의 시간을 되돌아보는가? 그러면서 가끔은 약간의 향수에 젖기도 하는가? 아마 그때의 삶이 훨씬 재밌고 수월했다는 생각이 들기도 할 것이다. 그때도 스트레스를 받거나 힘든 일이 있긴 했지만 지금처럼 다른 누군가를 보살피고 주의를 기울일 필요는 없었기 때문이다.

인간관계는 의무를 뜻하기도 한다. 혼자 사는 사람은 자기 자신에게 가장 큰 의무를 지며, 자신이 속한 공동체에도 어느 정도 의무를 진다. 이때는 자신의 욕구, 소망과 관념, 생각과 계획에 투자할 시간과 공간이 대체로 충분하다. 그런데 누군가와 관계를 맺는 순간 짊어져야 할 의무가 그만큼 커진다. 이제는 혼자만의 문제가 아니라 성공적인 관계를 만드는 데 기여를 해야 하기 때문이다.

이 관계에서 온갖 문제와 감정, 기분을 야기하는 모든 것은 각자의 공간을 넘어 그 관계로 인해 탄생한 공동의 공간에까지 영향을 미친다. 이 공간에서 어떤 일들이 벌어지도록 그냥 내버려두거나 성숙하지 못한 행동을 할 경우 분위기에 변화가 생기고, 이는 상대방뿐 아니라 당신에게도 부담으로 작용한다.

관계가 순조롭게 이어져 두 사람이 함께 살게 되면 의무(책임)는 더욱 커진다. 생활공간을 공유한다는 것은 이전과는 다른 차원의 타협과 마찰, 학습 기회, 계획이 필요하다는 의미다. 연인 관계로 동거한다는 것은 두 사람이 서로에게 책임을 진다기보다 편안한 공동의 공간, 즉 공동의 가치 존중 구역에 책임을 진다는 의미다. 에너지의 측면에서는 물론이고 시각적인 면(두 사람이 함께 살게 됨으로써 공동의 공간이 실제의 가시적인 공간으로 변모하므로)과 분위기 면에서도 그렇다. 공동의 공간에서 두 사람이 책임을 균등하게 분배하고 상호 협의 하에 양쪽 모두에게 적절한 해결책을 찾는다면 그 둘은 같은 눈높이에서 관계를 맺을 수 있다. 즉 평등한 권리를 갖는 것이다. 이때 두 사람은 하나의 팀이 된다.

그런데 자녀의 탄생과 더불어 강도 높은 새 의무가 이에 추가된다. 혼자서 아이를 키운다면 이 모든 의무를 오롯이 혼자 짊어져야 한다. 배우자와 함께라면 서로의 의미가 한층 중요해지는 동시에 서로에게 보다 구속될 수밖에 없다. 이제부터는 두 사람이 공동으로 가족의 틀을 만들어 나가야 하며, 부부관계가 큰 영향을 미치는 만큼 관계의 품질이 중요해진다. 자녀를 홀로 양육하든 부부가 함께 양육하든 이제부터 당신은 무언가가 아닌 누군가, 다시 말해 이 어린 존재를 책임지고 돌보아야 한다. 이 말은 곧 지금껏 지고 있던 의무들에 더해 새로운 의무가 더해졌으며, 그것을 인정하고 최선을 다해 그에 맞추어야 한다는 것을 의미한다.

부가된 책임과 더불어 자연스럽게 부모의 노동량과 스트레스도 증가한다. 부모의 개인적 문제들에 더해 이들이 돌보아야 할 제삼자의 필요와 바람, 안위가 부가되는 것도 그 이유 중 하나다. 아이들은 부모에게 의존하며, 부모 중 어느 한쪽에게 결핍이나 여타 경제적 손실이 생길 경우 다른 한쪽에게 더 의존할 수 있다. 의존하게 된다는 것은 그다지 유쾌한 일은 아니다. 비자발적인 성격을 내포하고 있기 때문이다. 이때 상실된 것은 무엇인가? 자기 결정권의 일부분이다. 대신에 부부는 가족이 된다.

이 시기에는 이제 조부모가 된 부모가 젊은 가족의 삶에 조금 더 가까워지는 경우가 많다. 이는 부담을 덜어주는 동시에 가중시킬 수도 있다. 조부모가 얼마나 큰 역할을 하는가에 따라 당신이 어떤 의무감을 느끼는지, 그것을 당연히 짊어져야 할 것으로 여기고 있지는 않은지 살펴보아야 한다. 당신이 의식하지 못하는 무언의 구속이 있지는 않은가? 가령 "집안의 평화를 유지하려면 네 부모가 그랬듯이 너도 아이를 키워야 해!", "조부모가 손주들을 볼 수 있도록 주말마다 찾아뵐 거지?" 등의 압력이 그렇다. 이것이 의무라는 생각은 부작용을 야기할 수 있다. 그에 관해 깊이 고민해 보지 않는다면 더욱 그렇다.

관계 위주의 삶을 이
끌어 나가려면 스스
로에게 끊임없이 질
문을 던져야 한다.
"나는 지금 어떤 모
습이고 싶은가?"
"나는 지금 당신과
나의 관계를 어떻게
맺고자 하는가?"

이제 당신은 누가 누구에게 어떤 의무를 지는지 알고 있다. 그러면 '관계 위주로' 산다는 말의 의미는 무엇일까? 공동체를 위해 자발적으로 선택한 의무를 이행하되 자신의 존엄성과 완결성을 해치지 않음은 물론 타인의 존엄성과 완결성 역시 존중해야 한다는 뜻이다. 양쪽 모두에게 이는 자신에 대한 책임 및 가족 구성원들과의 조화를 위한 책임을 지는 일을 의미한다. 나아가 최우선적으로, 그리고 반복적으로 자기 학습과 자기 교정을 해나가야 한다는 뜻이기도 하다. 특히 자기 인지, 감정 조절, 성숙한 행동거지, 스트레스 해소의 측면에서 그렇다. 관계 위주의 삶을 이끌어 나가려면 스스로에게 끊임없이 질문을 던져야 한다. "나는 지금 어떤 모습이고 싶은가?", "나는 지금 당신과 나의 관계를 어떻게 맺고자 하는가?"

스스로에 대한 의무

모든 외부적 변화와 더불어 의무와 상호 중요도, 상호 의존도도 높아진다. 앞에서 구속이 쌓이고 쌓여 지나친 부담이 될 수 있음을 배웠다. 여기에 핵심이 있다. 온갖 잡음의 한복판에서 나 자신에 대한 의무는 어디로 가는가? 당신은 이를 이행할 수 있는가, 아니면 이미 쌓이고 쌓인 부담에 짓눌려 질식하기 일보직전인가? 계속해서 견뎌낼 수 있도록 부담을 어떻게든 상쇄시키는가?

새로운 무언가, 혹은 누군가를 책임지게 될 때마다 당신은 다른 무언가를 희생시키거나 최소한 일정 기간 동안 상실하게 된다. 부모가 된 뒤에는 부모가 아닌 상태를 상실하고, 누군가와 관계를 맺는 동안에는 독신 상태를 상실한다. 이처럼 모든 결정에는 그로 인한 대가가 따른다. 하나를 얻고 다른 하나를 잃는 셈이다. 그러면 이때 자기 자신을 상실하는 일이 생기면 어떻게 할 것인가? 나 자신과 내 욕구를 돌볼 힘도 시간도 남아 있지 않다고 느끼고 더 이상 아무것도 하지 않는다면?

인간은 때로 어디가 앞이고 어디가 뒤인지, 무엇을 가장 먼저 해결해야 하는지 몰라 막막해한다. 특히 타인의 문제에 관해 지나치게 깊이 고민하거나 자기 자신과 배우자, 자녀들에 대한 과도한 기대로 스트레스를 받을 때 그렇다. 짊어진 짐이 많다 보니 녹초가 되고, 애정 어린 태도를 유지하기도 힘들다. 별다른 짐이 없을 때는 조용히 받아들일 수 있는 스트레스 상황도 이때는 자동제어장치에 맡겨 버린다. 이것이 활성화되면 다시금 해묵은 표본에 얽혀들고, 자신도 모르게 의도치 않은 말을 내뱉게 된다. 이때의 인간관계는 편안함과는 거리가 멀다. 늦어도 이때쯤이면 초심으로 돌아가 스스로에게 다음과 같은 질문을 던져야 한다.

- '나는 나 자신에 대한 의무를 이행하는가? 나 스스로를 잘 보살피는가?'

- '나는 배우자에 대한 의무와 부모로서의 의무 이행이 가능한 선 안에서 나 자신을 돌보는가?'
- '그에 필요한 자원을 갖추고 있는가? 그렇지 않다면 이 자원을 어떻게 얻어야 할까?'

우선순위 피라미드

비행기에서 산소마스크가 내려온 상황을 떠올려 보라. 당신은 누구에게 가장 먼저 그것을 씌울 것인가? 조종사인가, 배우자인가, 당신의 자녀인가? 모두 틀렸다. 답은 '당신 자신'이다.

이 상황에서 가족을 떠올리면 논리적 우선순위가 성립된다. 우리는 부부 간의 분위기를 만들어내는 것은 당사자인 부부이며, 이는 가족의 분위기에 영향을 준다. 이렇게 부부가 자녀와 더불어 만들어내는 울림이 세상에 퍼져 나간다.

우선순위 피라미드

피라미드 꼭대기에 위치한 '나' 위에 '영성', '신', '운명' 등을 덧붙일 사람도 있을 것이다. 인간의 영향력 밖에 있는 일들도 있기 때문이다. 인간보다 우리보다 큰 존재다.

그러나 나부터 의식적인 태도를 갖추는 일은 변화의 첫걸음이 된다. 이때 의식적으로 우선순위를 정하는 것이 필수다. 모든 내장 기관과 몸 전체에 혈액을 공급하려면 심장에 먼저 혈액이 순환되어야 하는 것과 같다. 적절히 자기 자신을 보살펴야만 비로소 소중한 사람들을 돌볼 수 있다.

훈련: 우선순위 피라미드

당신의 우선순위 피라미드는 현재 어떤 모습인가? 배우자의 것은 어떤가? 두 피라미드가 동기화되어 있는가? 어느 부분에서 서로 다른 것을 우선순위로 삼는가?

배우자나 자녀에게 당신의 피라미드를 그리게 해 보고, 반대로도 해 보라. 당신과 가족은 서로를 어떻게 인지하는가? 당신

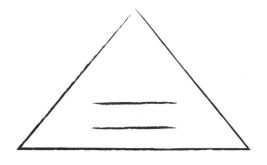

을 보는 가족들의 시각은 올바른가? 반대의 경우는 어떤가? 이
것이 어떤 결과를 낳는가? 당신의 우선순위는 당신의 안위에
어떤 영향을 미치는가? 당신이 변화시킬 수 있는 것은 무엇이
며, 그것을 어떻게 실현시킬 것인가?

아이디어가 구체적일수록 그것을 실행할 수 있는 가능성도
커진다.

삶을 꾸려나가기 위한 자원과
그에 대한 부담

다미 샤프는 '한 사람이 삶에서 방향을 잡거나 스스로를 보호하거
나 목표에 도달하기 위해 갖추고 있는 모든 것'을 자원으로 정의했다.
무언가를 달성하거나 변화시키는 데 활용할 수 있는 모든 행동 가능
성, 능력, 에너지가 이에 속한다. 쉽게 말해 삶을 꾸려나가기 위해 갖추
고 있는 모든 것이 자원이다.

나아가 다미 샤프는 자원과 생존자원을 구별한다. 생존자원은 스스
로를 안정시키거나 어떤 상황에서 생존할 목적으로
선택하는 행동방식 및 실행 방식을 가리키는데, 기본
적으로 그다지 유익하지는 않다. 예컨대 자신의 몸에
스스로 해를 가하거나 과도한 음주를 하는 것 등이
이에 속한다. 누군가를 좋아하면서도 그의 다정함은

> 신경체계와 신체가
> 편안한 상태를 유지
> 하는 법, 즉 관용의
> 창을 모두 넓히는 법
> 을 배워야 한다.

견딜 수 없어하는 것도 마찬가지다. 어떤 이들은 기쁨, 행복, 평화 같은 편안한 감정을 긍정적으로 체험하지 못하는 탓에 이를 자연스럽게 자원으로 활용하지 못한다. 예컨대 트라우마에 시달리다 못해 편안한 감정에조차 스트레스를 받는 경우가 그렇다. 긍정적인 자극도 자극이기 때문이다. 이럴 때는 익숙하지 못한 미지의 감정을 견뎌내는 법을 배워야 한다. 당신도 이에 해당한다면 이 점을 의식하는 것이 중요하다. 그렇지 않으면 자신에게 유익한 것을 번번이 차단하고 망쳐 버림으로써 긍정적인 감정을 보이콧하게 된다. 따라서 신경 체계와 신체가 편안한 상태를 유지하는 법, 다시 말해 관용의 창을 이 두 가지에 맞게 넓히는 법을 배워야 한다.

당신의 자원에 관해 고민할 때는 자원과 생존자원의 차이가 무엇인지도 반드시 고려해야 한다. 이때는 스스로에 대한 극도의 정직성이 요구된다. 하나의 자원이 해로운 것으로 전환되어 부담으로 작용하는 시점은 언제부터인가? 이쯤이면 이미 친밀한 사람들로부터 피드백이 들어오고 있을지도 모른다. 알코올 의존도가 높아졌다고 당신을 나무라지는 않는가? 당신의 쇼핑 습관을 비판하는 사람은 없는가? 질서나 통제에 대한 당신의 강박 증상을 주위 사람들이 짜증스러워하지는 않는가? 스스로에게 물어보라. 그들의 말이 사실인가? 아니면 그들 스스로 좋아하지 않는 자신의 문제를 당신에게 투영시키고 있는 것은 아닌가? 혹은 두 가지 다이지는 않은가?

부부관계를 다룬 한 동영상에서 자원과 부담을 저울의 형태로 묘사한 적이 있다. 당신은 마땅한 저울을 갖고 있지 않거나 다양한 무게를 다는 일을 번거로워하고 있을 수도 있다. 이때는 목록을 사용해 보는 것도 한 방법이다.

종이 한 장을 놓고 한가운데 수직으로 선을 그은 뒤 왼쪽에 당신이 가진 자원을 기록하라. 오른쪽에는 부담 요인과 생존자원, 즉 당신이 생존하는 데 필요하지만 에너지를 소모시키고 해를 끼치는 것들을 적어 보라.

이렇게 하면 당신이 부담을 상쇄시키기 위해 가지고 있는 자원을 파악할 수 있다. 목록을 저울이라고 상상해 보라. 자원 쪽의 무게가 더 무거운가? 저울이 균형을 이루고 있는가? 혹은 부담이 너무나 커서 자원이 이를 상쇄시키기에 역부족이지는 않은가?

스트레스 가시화하기

모든 사람들의 마음에 들기 위해, 항상 모든 것을 잘 해내기 위해 애쓰다 보면 스트레스를 받기 마련이다. 해야 할 일과 책임이 많아지기 때문이다. 상황이 이렇다 보면 휴식은 꿈도 꿀 수 없다. 스위스의 심리치료사 기 보덴만Guy Bodenmann은 인간에게 실질적으로 스트레스를 주는 요인이 무엇인지, 어떤 부분이 당신을 가장 힘들게 만드는지 파악할 수 있도록 '스트레스 맨해튼'이라는 것을 고안했다. 이를 활용하면 일상의 어느 부분에서 스트레스가 생겨나는지 파악할 수 있으며, 이를 변화시키려면 어떻게 해야 하는지도 알 수 있다.

훈련법: 스트레스 맨해튼

스트레스 맨해튼

이 그림에 표시된 마천루는 각각 가족, 직장, 여가, 부부관계, 본래의 가족 등 당신의 스트레스를 의미한다. 경우에 따라 그 수가 더 많을 수도 있다.

각각의 마천루에 적당한 이름을 붙여 보라. 한 영역이 당신에게 큰 스트레스가 된다면 해당 마천루의 꼭대기까지 색을 칠하라. 중간 정도의 스트레스를 받는 영역은 가운데 부분까지, 약간의 스트레스만 받는 영역에는 아랫부분만 약간 칠하면된다. 이렇게 스트레스 맨해튼이 가시화되면 가장 변화가 절실한 영역이 어디인지를 확인할 수 있다.

이제 완성된 '스트레스 마천루' 그림에 의거해 각 영역을 보다 잘 조율하려면 무엇을 해야 하는지 고민할 차례다. 당신이 이미 가진 자원, 스트레스를 주는 영역으로부터 부담을 덜어내기 위해 재발견하거나 활용 가능하게 만들 수 있는 자원에는 어떤 것이 있는가? 이를 위해 스스로에게 자신에게 다음과 같은 질문을 던져 보라

- 어떤 부분에서 한 발 물러설 수 있는가?
- 구체적으로 어떤 부분을 재구성할 수 있는가?
- 누가 나를 도와줄 수 있는가?
- 내려놓을 수 있는 임무는 무엇인가?
- 현 시점에서 부담을 완화하는 일이 절대 불가능한 영역은 어디인가?
- 그것이 불가능하다고 믿는 이유는 무엇인가? 과연 그 생각이 옳은가?
- 내가 특정 영역에 관여하는 정도는 적절한가, 혹은 그로 인해 필요 이상으로 스스로를 압박하고 있지는 않은가?

당신은 스스로를 적절히 돌보며 이를 우선순위에 포함시키고 있는가? 삶의 부담을 덜어내기 위한 자원을 충분히 보유하고 있는가? 무엇이 당신에게 스트레스가 되며, 이를 어떻게 해소할 수 있는가? 이 장에서는 이런 질문들과 그 대답을 다루어 보았다. 당신을 지치게 만드는 것과 날마다 마주치는 스트레스원이 무엇인지 의식한다면 해당 영역에서 능동적으로 대처할 수 있을 것이다. 다시 한 번 강조하건대, 중요한 것은 환경의 희생양이 아닌 창조자가 되어야 한다는 점이다. 모든 것은 당신의 손에 달려 있다.

7장
당신의 자아, 당신의 경계선, 당신의 원

원이라는 상징을 이용하면
자녀를 '온전한' 존재로 만들기 위해 무엇을 존중해야 하는지 분명해진다.
중요한 것은, 당신이 무엇을 좋고 나쁘게 평가하는가가 아니라
당신의 아이가 어떤 존재인지 봐주는 일이다.

나라는 원 그리기

지금까지 이 책에는 '자신을 지켜라', '자신과의 접촉을 유지하라', '자신과의 연결고리'와 같은 표현이 꾸준히 등장했다. 자기 신체와의 연결고리를 느끼고 강화시키기 위한 방법에 관해서도 다루었다. 이제 한 단계 더 나아가, 자아를 보다 정확히 들여다보고 개인적 경계선을 파악하는 일을 한결 쉽게 만들어줄 하나의 그림을 제시하려고 한다. 자기 자신과의 관계를 돌보는 동시에 아이와의 관계를 세심히 가꾸어 나가기 위해서는 자신과 타인의 경계선을 의식하는 일이 꼭 필요하다. 누군가와 관계를 맺는 동시에 독립성을 유지하려면 당신의 영역이 끝나고 상대방의 영역이 시작되는 지점이 반드시 존재해야 한다.

이제 머릿속으로 선을 그어 보라. 원 모양을 그려볼 것을 추천한다. 이것이 당신의 원이다. 이것은 당신의 자아를 상징하며, 당신을 만들어 내는 모든 것이자 당신이 거부하는 모든 것이기도 하다. 이곳에는 당신의 감각과 감정, 의지, 상상, 자의식이 녹아들어 있다.

훈련법: 당신의 경계선을 느껴 보라

원 안에 서 있는 당신의 모습을 상상하라. 바닥에 직접 원을 그리거나 줄 등을 이용해 당신을 둘러싼 원을 만드는 것도 좋다. 목표는 당신이 원의 존재를 느끼거나 가시화하는 것이다. 머릿속으로 '가상의 여행'을 떠나 보자. 원 안의 자신을 떠올리면서 외부에 있는 다른 이들을 의식해 보라.

바이런 케이티라면 당신의 원을 '환경'이라고 부를 것이다. 이는 당신이 책임지는 모든 것을 의미한다. 이 점을 강조하는 이유는 당신의 자녀와 배우자도 그들만의 원을 가지고 있으며, 행여 당신이 타인의 원에 생각을 '이입'시키거나 '침범'하는 일이 벌어질 수도 있기 때문이다. 이때 당신은 뜻밖의 저항에 부딪칠 수 있다. 예컨대 아이에게 "추우니 옷을 입어라!"라고 말하는 엄마는 아이의 원에 침범하는 셈이다. 물론 이런 요구가 마냥 불합리한 것은 아니다. 그러나 엄밀히 따지면 '엄마가 보기에' 엉망진창이라는 이유로 아이에게 방을 치우라고 요구한다거나 '엄마가 보기에' 아이가 아직 배부를 것 같지 않아 밥을 더 먹으라고 요구하는 것과 다를 바 없다.

성인 간의 관계에서도 남의 원을 침범하는 일이 흔하게 일어난다. 그중에서도 '좋은 의도'의 탈을 쓴 침범이 가장 자주 벌어진다. 조언이랍시고 육아에 온갖 참견을 해대는 부모(아이에게는 조부모)의 경우가 대표적이다. 이로써 그들은 경계선을 넘는다. 엄마로서 당신이 부모의 전철을 밟지 않고 다른 양육 방식을 선택한다면 갈등 잠재력은 커질 수밖에 없다.

일부는 이따금씩 자기 자녀의 양육 방식을 이해할 수 없다는 반응을 보이기도 할 것이다. 하지만 대개의 부모들은 자녀의 결정을 존중한다. 나아가 과거 자신이 내렸던 결정들을 성찰하며, 아이의 동행자로서 평등한 관계를 가꾸어 나가려고 하는 자녀들의 방식을 이해할지도 모른다. 조부모가 새로운 것에 열린 마음가짐을 갖고, 손주들과의 관계에서 눈높이를 맞춘다는 것은 매우 멋진 일이다. 그리고 실제로 이런 조부모들이 꽤 있다.

하지만 자녀가 자신과는 다른 양육 방식을 취하는 것을 공격으로 생각하는 부모도 많다. 이들은 자신에게는 지극히 정상적이었던 방식을 자녀가 거부하는 것을 참지 못한다. 중요한 것은, 이들이 어떻게 대응하느냐이다. 성숙한 태도로 자기 자신과 감정을 조절하는가? 아니면 당신과 기싸움을 벌이다 갈등을 수면으로 드러내는가? 이는 '그런 식으로 하면 아이가 올바르게 자라지 못한다'는 두려움에서 나온 행동일 수 있다. 그러다 보니 당신의 원은 물론 손주의 원 안에까지 들어와 양쪽 모두의 일에 참견하는 것이다.

누군가와 대화를 나누거나 잔소리를 듣던 중 "당신이 무슨 상관이죠?"라는 물음이 목구멍까지 차오를 때가 있을 것이다. 이때는 상대가 당신의 원을 침범했을 가능성이 크다. 이제 두 가지 중요한 의문이 생긴다. 첫 번째는 '이 인물이 어떤 의도로 이 행동을 했는가?'이고, 두 번째는 '그것이 당신에게 어떤 영향을 미치며, 당신은 지금 어떤 태도를 취하는가?'이다. 이 질문은 나중에 뒤에서 다시 한 번 다룰 것이다.

미리 강조하건대, 성공적인 인간관계에서도 뜻하지 않게 원이 침범당하는 경우가 있다. 이런 일은 매우 쉽게 일어나며, 결코 '나쁜' 의도에서 나온 행동이 아니다. 저녁에 외출하려는 십대 자녀를 껴안고 몸조심하라고 걱정하는 것도 따지고 보면 원을 침범하는 행위다. 하지만 이는 나쁜 의도가 아닌 사랑에서 우러난 행동이다. 물론 약간의 걱정도 깃들어 있다. 자녀와 성공적인 관계를 맺고 있으며 부모로서 가식 없이 하는 말일 경우 이것이 아이에게 역겹고 모순된 느낌을 갖게 하지는 않을 것이다.

그러면 다른 성인들이 원을 침범하는 것은 당신의 자녀 또는 분노와 어떤 관련이 있을까? 누군가 끊임없이 당신의 원을 밟으면, 다시 말해 지나치게 가까이 다가오거나 경계선을 넘어오면 부담이 될 수밖에 없다. 안타깝게도 당신의 이런 불편함을 번번이 삼켜 버리고 마지막 남은 한 가닥 인내의 실을 끊어 버리는 주인공이 자녀가 될 가능성이 높다. 아이는 세상을 탐색하고 배우느라 남의 원을 밟고 다니기 때문이다. 인간관계를 능동적으로 꾸려나갈 용기가 충분치 못할 때는 관계가 당신을 좌우하게 된다. 그리고 나

> 인간관계를 꾸려나갈 용기가 충분치 못할 때는 관계가 당신을 좌우하게 된다.

면 관계는 당신과 당신의 안위뿐 아니라 당신의 아이, 그리고 불편함의 원인과는 하등 상관없는 아이와의 관계에도 영향을 줄 수밖에 없다.

이를 변화시키려면 당신 스스로를 내보이고 타인에게 과감히 '요구'를 할 수 있어야 한다. 이때는 당신이 원하는 자기 모습이 아닌 있는 그대로의 자신을 지키는 것이 중요하다. 부모, 시부모, 배우자, 그리고 자녀를 대할 때도 마찬가지다. 당신에게 부담되는 행동을 하는 다른 사람들은 말할 것도 없다. 자녀와의 관계를 책임지는 사람은 성인인 당신에게 있지만 성인 간의 관계에서는 양쪽 모두가 책임을 진다는 점이 다를 뿐이다.

당신은 다른 성인들과의 관계에서 참된 자기 모습을 지키는 일이 쉽게 느껴질 수도 있다. 그러나 대부분의 사람들은 그렇지 못하다. 모든 경험이 개개인의 원에 영향을 미치는 탓에 완벽하고 완전하며 온전한 원은 사실상 존재하지 않는다.

사례: 카타리나

서른네 살의 카타리나에게는 어린 두 자녀가 있다. 마리는 네 살, 마크는 두 살이다. 그는 남편 안드레아스와 함께 시부모의 집에서 살고 있다. 카타리나의 직업은 신생아실 간호사다. 시어머니인 로자가 카타리나와 그의 인간관계에 끝도 없이 부담을 주지만 않는다면 가정생활에 큰 문제가 없다.

하지만 그의 바람과는 달리 시어머니는 자녀 양육과 부부 관계에 참견하며 성인인 아들을 과보호하고, 카타리나와 안드레아스가 외출 중일 때 두 사람의 공간을 구석구석 청소한다. 또한 카타리나가 싫어하는 것을 알면서도 아이들에게 단것을 쥐어주곤 한다.

부부관계에 로자가 끼어드는 것도 결코 유쾌한 일은 아니었는데, 안드레아스는 어머니 앞에서 자기 의견을 말하는 것을 너무나도 어려워했다. 카타리나는 이렇게 말한다. "제가 시어머니의 행동에 관해 얘기하면 남편은 늘 뭐가 문제냐는 투로 반응해요. 저더러 과장하지 말래요. 그이와 터놓고 대화한다는 건 불가능한 일이에요. 정말이지 진이 빠져요."

안드레아스는 어머니를 실망시킬지도 모른다는 두려움에 사로잡혀 그보다는 덜 나쁜 길, 즉 아내와의 갈등을 택한 셈이다. 카타리나는 이 모든 것을 참아내고 있지만 최근에는 별 것도 아닌 일로 아이들에게 화를·내거나 소리를 지르는 날이 많아졌다. 너무 많은 분노를 품고 있는 탓인데, 스스로도 그 감정을 어찌해야 할지 알 수 없다. 한바탕 소리를 지르고 나서야 '이건 내가 아니야'라는 생각이 든다. 그러나 이런 모습도 그의 일부다.

그에게 대처 능력이 없는 데는 그럴 만한 이유가 있다. 카타리나의 유년기에는 분노라는 감정이 들어설 틈이 아예 없었던 것이다. 집에서 화를 내도 되는 사람은 기껏해야 아버지뿐이었으며, 가끔 남자 형제들에게만 이것이 허용되었다. 카타리나는 자신의 어머니가 그랬듯 일찍부터 분노를 삼키는 법을 배워야 했다. 그의 가족은 거북한 감정들을 은폐했으며, 어려운 일이 생겨도 터놓고 상의하기보다는 혼자서 해결하거나 함구하는 쪽을 택했다. 열린 대화를 나눌 일이 없었던 탓에 진짜 자기 모습을 보여줄 기회가 없었다. 옆 사람이 뭔가를 필요로 하고 소망하고 상상해도 마음에서 우러난 관심을 보여주는 사람도 없었다.

카타리나와 남편 안드레아스가 건전한 '입지'를 정립하기 위해 무엇을 해야 하는가는 뒤에서 자세히 서술할 것이다.

완전한 원과 불완전한 원

이제 당신의 '원'과 지금까지 인간으로서 '성장'한 과정이 어떻게 맞물려 있는지를 보다 이해하기 쉽게 설명하고자 한다. 이를 통해 어떤 경험들이 당신의 원을 '손상'시켰을지, 당신이 자아의 일부를 '잘라내' 버린 때는 언제인지, 과연 그렇게 한 적이 있는지를 명확히 알게 될 것이다. 원의 무너진 경계선을 어떻게 메워야 하는지도 설명할 것이다. 이것이 당신 자신과 특정한 자극에 대한 당신의 반응을 보다 잘 이해하는 데 도움이 될 것이다.

이제부터 이 원을 한 인간의 이상형으로 간주할 것이다. 완전무결한 원을 가진 사람은 과거의 상처와 무거운 짐이 없는 상태이다. 하지만

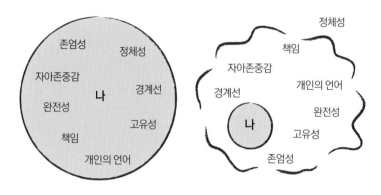

완전무결한 원과 불완전한 원

그런 사람은 드물다. 완벽한 원을 갖지 못했다는 것은 지극히 보편적이고 인간적인 일이다. 내면에 각인되거나 트라우마로 남은 모든 경험은 앞에서도 말했듯 원에 영향을 미친다. 예컨대 트라우마는 원의 경계선을 무너트린다. 이는 당신을 압살하고 질식시키며, 당신은 그로 인해 자신과의 접촉점을 잃고 어떻게든 새로 시작할 수밖에 없다. 이때 원래의 참된 자아에 부합하지 않는 다소 낯선 모습으로 스스로를 재구성하는 일도 벌어진다.

충격에 의한 트라우마 외에 다른 종류의 트라우마가 조명되기 시작한 것은 얼마 되지 않았다. 발달 트라우마가 바로 그것이다. 충격에 의한 트라우마의 배경에는 보편적으로 중대한 개별 사건이 관찰된다. 하지만 밝혀진 사실에 의하면, 한 인간의 삶이 정상 궤도에서 이탈하는 데 반드시 큰 사건이 전제되는 것은 아니라고 한다. 가령 당신이 신생

아이거나 아동이었을 때 애착 대상이 당신을 온전한 인간이자 주관적 존재로 대하지 않고 감정과 영혼이 없는 사물로 취급한 결과 발달 트라우마가 발생한다. 이는 당신에게 지속적인 영향을 미치고 뇌에 '각인'된다.

발달 트라우마는 구체적으로 어떤 현상으로 가시화되는가? 아기가 세상에 태어난 직후의 순간들을 떠올려 보라. 당신에게 영향을 남기는 것은 바로 이 시기에 벌어진 다음과 같은 상황들이다.

- 출생 직후 모친으로부터 분리되어 신생아실에 격리되었던 경우
- 유아기나 아동기 초기에 혼자서 입원했던 경우
- 목이 쉬어라 울어도 정해진 수유 시간 외에는 허기가 충족되지 않았던 경우
- 울음이 필요의 표현이 아니라 부모에 대한 반항의 의도로 간주되었던 경우, 그리고 그에 대한 처벌로 격리되었던 경우
- 트라우마가 있는 부모가 그것의 존재를 책임지지 않은 경우. 이 경우 당신은 신경질적이고 긴장되어 있으며 부조화와 혼란으로 점철된 부모 슬하에서 성장하며 스스로를 그에 맞추어야 했을 것이다. 이런 아이는 매우 조용하고 얌전하게 행동하거나 반대로 부모를 미치게 만든다. 두 가지 모두 그렇게 하면 뭔가 달라질지 모른다는 희망에서 나온 행동들이다. 앞서 설명했던 아이의 협조도 바로 이런 것을 가리킨다.

30~40년 전까지만 해도 온순한 아이를 만들기 위해 어른들이 아이

의 의지를 꺾어버리는 일이 다반사였다. 안타깝게도 이런 관념의 잔재는 여전히 남아 있다. 보통은 부모와 조부모를 통해 가시화되지만 젊은 가족이나 기관에서도 그 반향은 발견된다. 오늘날 수많은 성인들에게 이것이 얼마나 끔찍한 결과를 야기했는지는 의사이자 아이를 키우는 엄마인 요한나 하러Johanna Haarer의 저서 《독일 어머니와 그녀의 장남Die deutsche Mutter und ihr erstes Kind》을 통해 생생하게 엿볼 수 있다. 이 책은 1934년 출간 이후 폭발적인 반응을 얻으며 베스트셀러가 되었다. 하러는 당시의 관념에 입각한 육아서를 다수 집필했는데, 다음은 위 책에서 선별한 인용문이다.

"아이가 엄마의 방식에 울음으로 반응해도 결코 흔들려서는 안 된다. 차분하면서도 단호한 태도로 엄마의 의지를 관철하되, 어떤 식으로도 흥분하지 말고 어떤 상황에서도 분노를 표출하지 마라. 아이가 소리를 지르며 저항해도 엄마가 판단한 대로 따라야 한다. 아이가 계속해서 소란을 피운다면 혼자서 시간을 보내며 '흥분을 식히도록' 방으로 데려다주고, 아이의 행동에 변화가 올 때까지 주의를 차단하라. 아이는 놀라우리만치 신속하게 이 모든 과정을 습득할 것이다."

당시에는 아이들이 온순하고 순종적인 존재로 자라도록 의지와 개성의 싹을 잘라버려야 한다고 여겼다. 종전 후에도 하러의 책들은 계속해서 출간되어 최근까지 영향을 미쳤다.

당신의 부모와 조부모 세대는 수많은 상처와 트라우마를 짊어진 채 살아왔다. 현재 세대는 이를 극복해야 하는 과제를 안고 있으며, 동시에 자녀를 '온전한' 존재로 만들어야 할 의무가 있다. 그러나 트라우마는 단순히 과거에 일어났던 일이 아니라 여전히 살아 있는 현재이기도 하다. 그리고 이것은 세상을 보는 필터가 된다. 비록 지금의 현실이 아니라 해도 이 트라우마는 스트레스 상황에서 현실처럼 인지될 것이다.

온전한 내가 되고 싶어!

타인이 당신의 감정과 자아의 일부분을 문제 삼을 경우 얼마 안 가 당신 또한 그것을 문제 삼을 가능성이 크다. 이 부분을 잘라내면 행복과 평화, 내면의 고요함이 동시에 잘려져 나간다. 오래 전 당신의 부모와 조부모가 그랬듯이 자신의 생기를 서랍에 가두어 버리는 것이다. 이 서랍을 다시 열기까지, 즉 친밀한 사람들에게 스스로를 열어 보이기까지는 오랜 시간이 걸린다. 그들은 은폐되어 있던 당신의 원 조각들과 서랍을 열어젖혔다.

자아의 일부를 절단했을 때는 그것을 대체할 무언가를 찾아 나서야 한다. 당신은 자아 전체를 온전히 느끼고 싶겠지만 실제로는 왜곡되고 불완전한 '반쪽짜리 원'밖에 체험하지 못한다. 게다가 뭔가 들어맞지 않고 결핍되어 있다는 느낌이 계속해서 당신을 따라다닌다. 반면에 자기 자신을 잘 느낄 수 있었던 부분은 온전히 보존되어 여전히 제 기능을 한다. 그 결과 많은 사람들이 직업적으로는 능력을 발휘하면서도 사생활에서는 불행한 삶을 이어가거나 원만한 인간관계를 만들어 나가지 못한다. 자기 아이들을 다치게 하는 의사, 집에서는 어떤 결정도 내리지 못하는 판사, 자신의 삶은 설계하지 못하는 건축가, 집에서까지 가르치고 훈계하려 드는 교사 등이 그런 예다.

원의 일부분이 결핍되었거나 일부를 은폐해 버림으로써 공백이 생겼을 때 원의 주인은 어떻게 할까? 공백을 메우고 허물어진 경계선을 막아줄 대체물을 찾아 나설 것이다. 앞서 언급한 생존자원이 바로 그 것이다. 이런 사람들은 자신이 온전하다는 느낌을 부여해 줄 전략과 표본을 갈구한다. '원 메우기 장치'라고도 할 수 있다. 내면에 뭔가가 결핍되어 있다는 사실은 이들을 고통스럽게 만든다. 그래서 외부에서 해결책, 즉 대리물을 찾는다. 다음은 원 메우기 장치로 흔히 사용되는 전략들이다.

- 모든 종류의 강박증: 닦는 행위를 비롯해 모든 종류의 완벽주의적인 행동이 이에 해당한다. 자기 자신에게 매우 엄격하거나 자기 신체, 배우자, 자녀 등에 대한 지나친 통제가 이에 해당된다.
- 사람이나 사물(자동차나 소유물, 돈 등)에의 의존
- '더 나은 반쪽', 즉 배우자를 모색하고 나중에는 자신을 '온전하게' 만들어줄 자녀들로 이를 대체한다.
- 기준으로 삼을 본보기: 종교나 방법, 인플루언서 등이 이에 해당한다.
- 의식 변화를 일으키는 물질: 알코올, 마약 등
- 감각의 마비(약물 남용) 또는 생기를 얻기 위한 대리만족(드라마 중독)
- 신체 의식. 예컨대 외모를 유지하는 데 '적합한' 옷차림과 화장

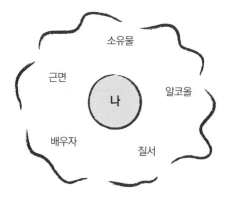

원 메우기 전략

 그러나 이런 원 메우기 전략으로는 진짜 경계선이나 참된 자아를 되찾을 수 없다. 외부의 것을 기준으로 삼는 행동의 결과물은 가짜 원에 불과하기 때문이다. 그럼에도 외양을 꾸미고 유지하는 데 끝없이 몰입한다. 집은 더러워지고 외벽에는 금이 가며, 몸은 노화한다. 패배할 수밖에 없는 싸움을 하며 안타깝게도 어마어마한 에너지를 소모하는 것이다.

 소유하고 있는 것으로 자신을 정의하는 사람들이 있다. 더 큰 부를 축적하고 더 많은 돈을 벌고 더 많은 물건을 사는 사람들 말이다. 안타깝게도 물욕에는 끝이 없다. 두둑한 통장 잔고와 멋진 자동차, 커다란 저택…… 이쯤이면 원하는 것은 모두 가진 것처럼 보이지 않는가? 그러나 이런 사람들이 반드시 행복한 것은 아니다. 이들 중 다수는 환상을 쫓고 있다. 많은 것을 소유하면 마침내 온전한 느낌을 받을 것이라는 착각이 그것이다.

원 메우기 전략은 인간관계에서도 발견된다. 이 경우 우리는 온전한 존재가 되기 위해 자신이 좋은 사람 혹은 가치 있는 사람이라고 느끼게 해 주는 이들을 필요로 하고 이용하는 것이 그것이다. 예컨대 배우자가 그런 사람이며, 때로는 자녀가 부모를 온전하게 만들어줄 수 있다. 자신은 힘들고 어려운 유년기를 보냈지만 딸을 얻은 지금은 오로지 자신에게만 속한 무언가를 얻었다는 기쁨을 맛보고 있는 경우가 이에 해당한다.

이는 상대방을 붙잡아두고 나를 좋아하도록 만들기 위해 어떻게든 행복하게 해 주는 데 집착하는 결과를 초래한다. 안타깝게도 이런 행동은 사람을 의존적으로 만든다. 이렇게 되면 데이비드 슈나크의 표현대로 '감정적 샴쌍둥이'가 되고, '내가 너에게 X를 줄 테니 너는 나에게 Y를 줄 것을 기대한다'라는 부정적인 결과를 가져올 수 있다.

사례: 아멜리와 사무엘

아멜리와 남편 사무엘은 12년 전에 만났다. 둘은 사귄 지 얼마 되지 않아 함께 살기 시작했다. 슬하의 두 아이 안톤은 열 살이고, 마틴은 여덟 살이다.

사무엘과 막 사귀기 시작했을 때 아멜리는 마침내 '더 나은 반쪽'을 찾은 느낌이었다. 사무엘은 아멜리 주변의 모든 것이 더 할 나위 없이 깨끗하고 질서정연한 점이 좋았다. 어떤 집안일도 함께할 필요가 없었기에 그는 기꺼이 아멜리와의 관계에 동참했다. 두 사람의 관계는 지금껏 이 암묵적인 합의에 의해 잘 유지되어 왔다.

그러나 아멜리는 자신의 수고를 가족들이 알아주고 집 안의 질서를 유지하고 부가적인 일거리가 생기지 않도록 주의함으로써 자신의 노동을 존중해 주기를 바랐다. 자녀들에게도 예외는 아니었다. 그러나 아이들에게는 이런 바람이 고려의 대상조차 되지 못했다. 아멜리는 스스로를 온전히 느끼기 위해 가족이 필요했지만, 가족은 이런 아멜리의 바람을 거부했다.

은밀한 소망과 기대가 달성되기를 바라고 이것이 뜻대로 되지 않는다고 모욕감을 느끼는 것은 성숙하지 못한 태도다. 아멜리는 애정과 참된 애착을 향한 자신의 갈망을 스스로 책임지는 대신 자녀들이 이를 알아주기를 바랐다. 그러나 돌아온 것은 그가 바라던 인정이 아니라 가족들과의 다툼, 아이들의 짜증스러운 눈빛과 불평이었다. 애착의 방향이 어긋나 버린 것이다.

자녀의 원과 널브러진 양말들

원이라는 상징을 이용하면 자녀를 '온전한' 존재로 만들기 위해 무엇을 존중해야 하는지 분명해진다. 아이의 자아, 의지, 관념, 아이가 선호하는 것과 거부하는 것, 그리고 저마다의 경계선이 바로 그것이다. 여기서 중요한 것은, 당신이 무엇을 좋고 나쁘게 평가하는가가 아니라 당신의 아이가 어떤 존재인지 봐주는 일이다. 그로써 당신의 내면은 아이에 대한 사랑으로 더 충만해질 수도 있고, 반대로 실망하게 될 수도 있다. 당신이 아이의 모습에 대해 고정된 상을 품고 있을 때, 그러나 아이는 그 상에 들어맞지 않을 때 그렇다.

이 과정에서 "당신의 기준으로 내 인생에 간섭하지 마세요!"라는 아이의 목소리를 들을 수도 있다. 주변에서 쉽게 볼 수 있고 당신도 겪었을지 모르는, 자녀를 통제하려는 태도도 여기에서 비롯된다. 부모의 임무는 자녀가 스스로 상상하는 바에 맞게 그들을 키우는 것이다. 그런데 많은 부모들이 '아이를 위해서'라는 이유로 자신이 짜놓은 틀에 아이를 맞추려 든다. 이 경우 아이는 겉으로 감정을 드러내지 않지만 "내가 두려워하지 않도록 행동하고 존재하라!"라는 부모의 메시지를 느낀다.

> 부모의 임무는 자녀가 스스로 상상하는 바에 맞게 그들을 키우는 것이다.

바이런 케이티는 《부모와 자녀에 관해On Parents and Children》에서 아이들의 양말에 관해 이야기했다. 한때 그에게는 아이들이 양말을 집 안 여기저기에 늘어놓지 않고 잘 치우는 것이 중요한 문제였다. 마치 '양말 치우기' 종교의 광신도라도 된 듯 양말을 가지고 벌벌 떨었지만 이것이 뜻대로 되지는 않았다.

어느 날 그는 현실에 맞서 싸움을 벌이고 있는 자신의 모습을 발견했다. 그렇게 잔소리를 하고 야단을 치며 벌을 주었음에도 날마다 양말은 집 안 여기저기서 발견됐다. 바이런 케이티는 양말을 주워 모아야 하는 사람이 다름 아닌 자신임을 깨달았다. 아이들은 양말 따위에는 관심도 없었다. 그러니 이는 그의 문제로, 뭔가 달라져야 한다는 것도 그의 생각에 불과했다. 문제는 양말이 아니었던 것이다. 그는 이렇게 덧붙였다. "내 의견을 밀고 나가거나 자유로워지거나 둘 중 하나를 선택해야 함을 확실히 깨달았다." 그리고 스스로 양말을 치우기 시작했다.

널브러져 있는 양말을 주우며 아이들을 떠올리지 않게 되기까지는 얼마 걸리지 않았다. 게다가 아이들이 아닌 자신을 위해 양말을 치우기 시작하니 이 일이 즐겁기까지 했다. 아무것도 어질러져 있지 않은 방바닥을 보는 날엔 뿌듯한 기분까지 들었다. 얼마 지나지 않아 아이들은 이를 감지했고, 엄마가 뭐라 하지 않아도 알아서 양말을 치우게 되었다.

어떤 상황을 문제 삼는 장본인이 다름 아닌 자신임을 깨닫고 이를 있는 그대로 받아들이면 상대가 변하기를 기대하지 않고 스스로 상황에 변화를 줄 수 있다. 예컨대 어질러진 아이 방을 보며 실망하거나 화를 내거나 벌을 주지 않을 때 당신은 아이에게 어떤 압력도 행사하지 않을 수 있다. 이 순간 아이들은 자유를 느끼며, 스스로 방을 청소하는 즐거움을 발견할 기회를 잡을 수 있다. 의무와 그에 따른 저항이 사라지기 때문이다. 그리고 비로소 깨끗한 방이 쾌적한 느낌을 준다는 사실을 깨닫게 될 것이다.

위 사례를 조금 더 깊이 파고들어가 보면 애초부터 문제의 핵심이 방이나 청소에 있지 않았음을 금세 알 수 있다. 아이가 엄마를 기쁘게 해 줄 목적으로 (아이 자신에게는 별로 중요하지도 않은) 어떤 일을 하는 것을 거부한다는 것이 핵심이다. 말하자면 아이들은 부모의 감정을 책임지기를 거부한다. 아이가 방을 청소하는 것이 그저 부모를 위해서인 경우도 있다.

다른 사람의 경계선을 파악하기가 어려운 이유는 상대의 경계선이 내 것과 같지 않기 때문이다. 경계선은 개인의 특성은 물론이고 과거의 인간관계에 의해서도 영향을 받는다. 어린 시절에 타인들이 당신의 경계선을 마음대로 침범하는 것을 '정상적인' 일이라 생각했다면 당신도 자녀의 경계선을 넘나드는 것을 '정상적인' 일로 여길 가능성이 높다. 자신의 경계선이 어디인지도 모르고, 온갖 왜곡과 순응 이전에 그것이 어떤 모습이었는지 고민해 보지 않은 사람은 자신이 아이의 경계선을 침범하고 있다는 사실조차 자각하지 못할 것이다. 혹시 당신도 이 일에서 아무런 문제도 느끼지 못하고 있는 것은 아닌가? 문제는 이것이 갈등과 분노, 이별을 야기할 수 있다는 데 있다. 그러나 당신의 성장 과정을 돌이켜보며 당시 자신의 인격 중 어느 부분을 '잘라' 버려야 했는지, 무엇으로 이를 대체했는지 확인한다면 그 '전체'를 다시금 그려내는 것도 가능하다. 이때 신뢰할 만한 사람이나 치료사의 도움을 받는 것도 좋다.

부모로서 당신은 다른 성인들이 자녀의 원을 마음대로 드나들 때 이를 면밀히 관찰해야 한다. 앞에서도 이야기했듯이 건전한 '지위'를 정립하고 자신의 경계선을 방어하는 일은 극도로 어려울 수 있다. 성인 중에서도 누군가는 이를 쉽게 해내고 누군가는 어

> 부모는 다른 성인들이 자녀의 원을 마음대로 드나들 때 아이를 보호해 주어야 한다.

려움을 겪듯, 아이들도 마찬가지다.

정직한 아이들은 누군가(예컨대 조부모)가 자신의 원을 침범하려고 할 때 그에 상응하는 반응을 보인다. 다시 말해 시키는 대로 행동하지 않고 방어에 나서 자신의 온전함을 지키는 것이다. 이때 아이들은 자신에게 주어진 수단을 사용한다. 예를 들어 뽀뽀를 요구하는 할아버지를 향해 아이가 "할아버지 나빠요. 난 할아버지가 싫어요!"라고 직설적으로 말하는 경우가 그렇다. 아주 어린 아이라면 입술을 내밀고 다가오는 할아버지의 얼굴을 주먹으로 때릴지도 모른다. 성가시게 구는 사람에게 '자신의 원 안에 자리를 내어주고' 몸을 사리며 약간 가쁜 숨을 쉴 수도 있다.

이런 상황을 목격했을 때 아이를 보호하는 일은 당신의 몫이다. 이때도 아이에게는 당신이 필요하다. 이 부분은 뒤에서 관계의 역동성을 다루며 성인에 의한 경계선 침범이 구체적으로 어떻게 일어나는지, 이때 개입해 주는 사람이 없을 경우 이것이 아이에게 어떤 결과를 초래할 수 있는지 자세히 설명할 것이다.

원 안에서 사고하는 일이 당신을 체험으로부터 차단시키는 일이 되어서는 안 된다. 당신의 원을 둘러싼 경계선과 부부·가족의 경계선은 명확하고 유연하며 상황에 맞게 그어졌을 때 비로소 '건전한' 것이 된다. 원 안에서의 사고는 자아 관찰을 유도하며 삶의 길잡이가 될 수 있어야 한다.

자신의 원에 관해 성찰하는 일은 어머니로서, 그리고 여성으로서당신이 현재 어느 지점에 위치해 있는지 다시 한 번 검토하게 해 주는 수

단이다. 현재 개인적 문제 또는 아이나 배우자의 문제와 직면해 있는가? 당신의 안위를 위해 아이에게 변화를 요구하고 있지는 않은가? 자기 자신 및 친밀한 사람들과 어떤 관계를 맺고 있는가? 그 관계에 만족하는가?

인간은 스스로 의식하거나 의식되도록 만드는 상황에만 능동적으로 대처하고 이를 조절해 나갈 수 있다. 경계선을 침해당하는 것에 대해 고민하고, 그에 대한 감정을 바탕으로 입장을 정립하려고 할 때도 같은 원칙이 적용된다. 원의 침범이 당신과 당신의 인간관계에 부담이 될 때는 이것이 절대적으로 필요하다.

훈련법: 당신에 대한 개인적 질문

다음 질문들에 대한 답이 자신을 파악하는 데 도움이 될 것이다. 충분히 시간을 갖고 천천히 생각하여 답하라.

- 당신의 부모는 어떻게 서로를 알게 되었는가?
- 당신은 어머니의 유년기에 관해 무엇을 알고 있는가?
- 아버지의 유년기에 관해서는 무엇을 알고 있는가?
- 당신은 부모님이 원하던 아이였는가? 그들은 당신의 탄생을 반가워했는가?
- 당신을 뱃속에 품고 있던 기간이 어머니에게는 어땠는가? 임신을 기꺼이 받아들이고 그 기간을 즐겼는가? 그가 품고 있던 것은 '긍정적인 희망'이었는가, '불안한 기대'였는가?

- 당신이 태어났을 때의 상황에 관해 알고 있는가? 가령 어머니가 자연분만을 했는가, 아니면 제왕절개를 했는가?
- 어린 시절의 가족 구성원들은 누구였는가? 가장 중요한 애착 대상은 누구였는가? 조부모는 어떤 역할을 했는가?
- 당신이 어렸을 때 부모님의 사이는 어땠는가? 이를 어떻게 묘사하겠는가? 당신이 보고 자란 부부 관계는 어떤 분위기였는가?
- 성장하는 동안 친밀한 사람들과의 관계에 변화가 있었는가? 있었다면 어떤 변화였는가?
- 당신이나 다른 가족 구성원에게 트라우마가 된 일(예컨대 불행한 사건, 죽음, 입원, 난산 등)이 있는가?
- '아버지의 존재' 또는 '어머니의 존재'는 당신에게 어떤 의미인가? 당신의 부모님은 어땠는가? 당신도 두 사람 중 한쪽처럼 되고 싶었는가, 아니면 그들과 다르기 위해 의식적인 노력을 기울였는가?
- 당신의 유년기 애착 대상은 어떤 방식으로 감정에 대처했는가? 당신에게는 모든 감정을 느끼는 것이 허용되었는가?
- 당신의 가정에서 특별히 중요한 역할을 한 감정은 무엇이었는가?
- 당신의 가족들은 누군가 강한 감정을 느끼고 이를 표출할 때 어떻게 반응했는가?
- 가족 구성원들은 갈등에 어떻게 대처했는가? 손꼽을 만한

갈등이 있었는가? 그것은 어떻게 해결되었는가?

- 부모의 기대에 부응하지 못했을 때 당신은 그에 대한 벌을 받았는가? 그랬다면 어떤 방식의 처벌이었는가? 그것이 당신에게 어떤 결과를 불러왔는가?

- '얌전히' 행동하고 부모의 기대에 부응했을 때 그에 대한 보상을 받았는가? 어떤 보상이었는가? 그것이 당신에게 어떤 결과를 불러왔는가?

- 어린 시절의 인간관계가 현재의 인간관계에 영향을 미친다고 생각하는가? 그렇다면 어떤 영향인가?

- 당신의 가족은 명절이나 생일을 어떻게 보냈는가? 누가 그날을 계획했는가? 지금의 당신은 이런 날을 어떻게 기념하는가? 당신이 원하는 방식은 무엇인가?

- 어린 시절에 당신은 무엇이 되고 싶었는가? 현재의 직업을 통해 그 소망을 이루었는가?

- 슬플 때 당신은 누구에게 의지하는가?

- 어떤 사람 또는 무엇이 당신을 흥분하게 만드는가? 그에 당신은 어떻게 반응하는가?

- 당신은 어디에서 어떻게 마음을 가라앉히는가?

- 자녀와 관계 맺는 방식을 바꿀 수 있다면 무언가를 변화시키고 싶은가? 그게 무엇인가? 변화시킬 마음이 없다면 그 이유는 무엇인가?

이 질문들은 오로지 당신을 위한 것이다. 대답을 곱씹어보고 깊이 새겨라. 누구에게 얘기할 필요도 없고, 해명이나 변명할 필요도 없다. 당신은 있는 그대로 괜찮다. 다른 모든 것도 마찬가지다.

8장
성공적인 관계 맺는 법 vs.
관계를 망치는 법

자녀들과 눈높이를 맞추려면 무릎을 꿇어야 한다.
아이들이 자랄수록 무릎을 꿇을 일은 점점 줄어든다.
다른 성인들과는 그저 성인 대 성인으로 마주서면 된다.
중요한 것은, 어울림에 있어 내가 책임질 부분을 책임지는 일이다.

동맹과 전쟁

세상에 똑같은 인간관계는 없지만 수많은 관계에서 반복적으로 나타나는 일정한 표본은 존재한다. 앞에서 원을 이용한 형상화를 살펴보았으므로 이제부터는 실전적 요소들을 고찰해 볼 것이다. 이번에도 당신과 자녀의 관계만을 제한적으로 다루기보다는 당신 삶에 존재하는 모든 사람들과의 관계가 어떻게 이루어지고 있는지를 전체적으로 검토해 볼 것이다. 친밀한 사람들을 비롯해 당신과 당신의 감정에 긍정적이거나 부정적인 영향력을 행사하는 사람들 말이다. 앞서 여러 차례 언급된 데이비드 슈나크와 스위스의 정신과 의사 위르크 빌리Jürg Willi가 같은 맥락에서 이야기한 '결탁'과 공모성·투쟁성·협동성 동맹을 길잡이로 삼을 것이다.

가족은 상호 작용에 기반을 둔 하나의 시스템이다. 따라서 둘의 관계는 주변 환경의 영향을 받으며, '엄마와 아이'라는 작은 틀에만 머물 경우 변화가 필요한 부분을 지나칠 수 있다. 변화는 엄마와 자녀의 관계에 긍정적으로 작용한다.

공모성·투쟁성·협동성 동맹

인간관계에는 불건전하고 해로운 역동성과 건전하고 유익한 역동성이 모두 작용한다. 인간관계에서 맺어지는 여러 동맹 중 비생산적인 것으로는 공모성collusive 동맹과 투쟁성combative 동맹이 있다. (라틴어 'colludere'는 '어울리다, 함께 놀다'라는 뜻을 가지고 있지만 'ludere'는 '속이다'를 의미하기도 하며, '싸우다'라는 뜻의 라틴어 'combatt[u]ere'는 원래 '때려눕히다'라는 의미였다.) 반면에 협동성collaborative 동맹 관계의 가족은 하나의 팀을 이루어 행동하고 모든 가족 구성원의 안녕을 위해 힘쓴다 (라틴어 'collaborare'는 '함께 일하다'라는 뜻이다). 이런 가족은 약간 거북한 화제도 터놓고 이야기하고, 어른들이 책임 의식을 갖고 행동하며 주변 사람들과 사려 깊은 관계를 맺는다.

데이비드 슈나크에 따르면 공모성 동맹을 맺은 당사자들은 "한 인간을 최선의 방향으로 자극하는 대신 나쁜 특성과 성격을 거론한다." 이런 동맹에서 성인들은 책임을 회피하며, 가족의 안위를 돌봐야 할 위기 상황에서도 발을 뺀다. 부모와 자녀는 가족 내의 거북한 진실을 은폐할 필요가 있을 때 공모성 동맹을 맺는다. 투쟁성 동맹은 관계에 해를 미치는 또 다른 동맹으로, 이때 가족 구성원들은 서로 '투쟁'하고 서로를 공격하며 반목을 일삼는다.

동맹을 이해함으로써 인간관계에서 경험하는 다양한 역동성을 명확히 파악하기 위해 다음 세 가지 원칙을 길잡이로 삼을 것이다. 이 원칙들은 동맹의 본질을 설명해 준다.

- **공모성 동맹**: 이게 다 너를 위해서야! 아니면 나 자신을 위한 것은 아닐까?
- **투쟁성 동맹**: 너에게 상처 주고 너와 싸울 거야!
- **협동성 동맹**: 모두의 안녕을 위해 서로 신뢰하며 함께 힘쓰자.

앞서 원을 다루면서 우리는 카타리나와 그의 남편 안드레아스, 자녀 마리와 마크, 할머니 로자의 사례를 살펴보았다. 여기서 로자의 행동이 카타리나로 하여금 주기적으로 방아쇠를 당기게 만듦에도 카타리나는 자신의 입장을 명확히 하지 않고 있다. 안드레아스 역시 어머니에게 '자기 의견을 피력하고' 입지를 다지는 것을 두려워한다. 그런 회피 행동 때문에 화가 쌓이기 시작한 지 오래임에도 그는 '평화'를 깨뜨릴 생각이 없다. 그러다 보니 카타리나와의 부부 관계는 물론이고 아이들에게도 악영향이 미치기에 이르렀다. 카타리나가 자신의 화를 마리와 마크에게 분출하며 소리를 지르는 것이 그 증거다.

우리는 이 사례를 통해 먼저 할머니 로자와 마리 사이의 공모성 동맹을 설명할 것이다. 그런 다음 중요한 애착 대상이 '온전하다는' 느낌과 '기분 좋은' 상태를 유지하기 위해 아이들을 이용하는 상황에서 그들을 돕기 위해 개입하는 사람이 아무도 없을 경우 어떤 결과가 초래

되는지를 분석할 것이다. 이때도 원이라는 비유가 부분적으로 활용된다. 자기 자신을 위해 명확한 경계선을 긋는 데 실패했다 해도 최소한 딸 마리를 위해서는 이를 실행하는 것이 카타리나와 안드레아스의 의무다.

사례: 로자와 마리(첫 번째 이야기)

카타리나는 가족을 위해 채소 요리를 준비하고 있다. 로자는 이를 알면서도 손녀인 마리에게 군것질거리를 쥐어 준다. 엄마에게서 단것을 전혀 얻어먹지 못하는 손녀에게 점수를 따기 위해 세대 간의 경계선을 침범하는 것이다. 아이가 단것을 먹는 것을 아이 엄마가 싫어한다는 것을 알면서도 로자는 "애야, 이것 먹어라. 풀떼기만 먹어서 배가 차겠니? 금방 배가 꺼진단다"라며 마리를 딜레마에 빠뜨린다.

어떤 상황이 벌어지고 있는가? 로자는 마리의 원 안에 들어섬과 동시에 다른 가족의 시스템을 침범하고 있다. 원에 침투함으로써 손녀의 '환심'을 얻는 것이다. (이때 로자의 행동은 진정 마리를 위한 것인가, 아니면 자신의 이익을 위한 것인가?) 어린 마리는 이에 협조하며 자신의 원 안에 할머니의 자리를 마련해 주기 위해 옆으로 비켜난다. 그러면서 '아, 이런 게 바로 사랑이구나'라고 생각한다. 아이 뇌에 있는 '하드웨어'가 쉬지 않고 작동하는 까닭에, 아이들은 우리가 보여주는 모습을 '정상적'인 것으로 간주하고 '이렇게 해야 한다'는 정보를 하드웨어에 저장한다. 저장된 정보는 향후 애착 관계를 맺을 때 언제든 불러올 수 있다. 로자는 말로는 "다 마리를 위해서 그러는 거야"라고 하지만 내심 손녀를 완전히 독차지하고 싶을 것이다. 마리는 (이 때문에) 로자를 통해 원하는 것을 모두 얻으려 든다. 단것도 마찬가지다. 그 대가로 로자는 아이가 '완벽한' 손녀가 되어 주기를 기대한다.

할머니가 수 년 동안 마리에게 중요한 애착 대상으로 머물며 이런 방식으로 아이와 관계를 맺을 경우 무슨 일이 벌어질까? 아마도 다음과 같은 시나리오가 펼쳐질 것이다.

로자는 마리를 최고의 학교에 보내고 '성공적인' 삶에 필요한 모든 것을 제공하는 데 비용과 노력을 아끼지 않는다. 그리고 자부심에 부풀어 주변 사람들에게 침을 튀겨 가며 손녀딸 자랑을 해 댈 것이다. 적절한 순간에 개입하는 사람이 없다면 마리 역시 그에 상응하는 모습이 된다. 자신에게 요구되는 것만 있을 뿐 누구도 자신을 보아주고 들어주지는 않는다는 느낌을 안고 성장한다는 뜻이다. 그는 로자가 원했지만 갖지 못했던 딸이 되어 줄 것이며, 로자 자신이 꿈꾸었던 소녀와 여성의 모습으로 자라날 가능성도 크다.

잘돼야 한다는 기대가 큰 만큼 실제로 마리의 모든 것들이 순조로울 것이다. 그러나 마리가 나름의 길을 가려고 할 때마다 할머니가 나타나, 자신에게 빚을 지었으므로 자신의 말에 따라야 한다고 일깨워 줄 것이다. "내가 너를 위해 얼마나 헌신

했는데 정말 이럴 거니?"라면서.

마리는 로자의 거울이 된다. 그러나 고독감과 자기 상실감을 포함한 진짜 자신의 감정은 깊숙이 묻어 버린다. 그는 남들에게 이기주의자로 비칠까 두려워하며 언제나 타인의 바람을 자신의 것보다 중시하는 사람이 된다. 이렇게 자신의 삶에 주인공이 될 수 없다는 느낌을 품고 살아간다.

참고로 마리의 남동생 마크는 할머니가 내미는 단것에 전혀 다르게 반응한다. 말을 배우기 무섭게 로자에게 "할머니 바보! 난 할머니가 싫어!"라고 외친다. 그렇게 로자의 기분을 상하게 하며 자신의 완전성을 지킨다. 마리에게 이미 '착한 아이의 역할'이 배정된 덕분에 그는 할머니와의 문제를 해결할 수 있는 것이다.

에코이즘Echoism

마리의 미래가 자신의 이야기처럼 느껴진다면 몇 가지 답을 찾기 위해 '에코이즘' 현상에 관해 알아보는 것도 좋다. 에코이즘은 어떤 진단이라기보다는 특성이자 표본이다. 에코이스트는 자기애와 자기중심주의 성향을 가진 사람들과 관계를 맺으며 성장하고 그에 상응하는 영향을 받는다. 애착 대상의 행동에 의해 무의식적으로, 어떤 대가를 치르더라도 애착 대상과 근본적으로 다르고자 하는 염원을 품게 된다. 유년기의 경험은 에코이스트로 하여금 끊임없는 두려움을 품고 살아가게 만든다. 자신의 의견을 피력하거나 의지를 내비치는 것도, 남의 이

목을 집중시키거나 남에게 뭔가를 요구하는 것도 이들에게는 허용되지 않는다. 어떤 경우에도 자신을 먼저 생각해서는 안 된다.

에코이스트는 성인이 된 뒤에 나르시즘 성향을 가진 사람들과 관계를 맺는 경우가 많다. 양쪽이 서로를 '훌륭하게' 보완해 주기 때문이다. 에코이스트는 어떤 갈등에서든 자진해서 잘못을 뒤집어쓴다. "내가 너무 많은 것을 요구했나 봐", "내가 너무 예민해서 그래. 그 사람 말대로 아무것도 아닌 일이었는데", "그에게도 나름의 욕구가 있으니 그걸 충족시켜 주기 위해 내가 할 수 있는 것을 해야지" 같은 식이다. 나르시시스트는 원하는 것을 얻고 에코이스트는 성장 과정에서 사랑받기 위해 했던 행동을 반복한다.

공모성 동맹

앞의 사례에서 단것을 이용한 로자의 행동은 공모성 동맹에 해당한다. 그는 오로지 손녀를 위해서라는 명분을 내세우지만 실제로는 자신에게 이익이 되는 일을 하고 있다. 기분 좋은 느낌, 사랑받는다는 느낌을 얻는 것이 그의 목적이다. 또한 로자는 마리를 통해 카타리나에게 시비를 걸고 있다. 카타리나가 싫어하고 화를 낼 것이 뻔한 이야기를 마리에게 건넴으로써 '조직적으로' 일을 벌이는 것이다. 그러면서 좋은 의도로 그런 행동을 했을 뿐이라고 주장하고 잘못을 면피하면 그만이라 믿는다.

이제 안드레아스가 카타리나와 공모성 동맹을 맺을 때 이것이 어떻게 가시화되는지 살펴보자.

카타리나: 어떻게 그럴 수가 있지? 당신 어머니가 또 밥 먹기 전에 마리에게 단것을 주셨어!

안드레아스: 그냥 내버려둬. 그러면 엄마와 기싸움 벌일 일도 없잖아! 어째서 당신은 만사를 삐딱하게 보고 이런 갈등을 일으키는 거야? 단것 조금 먹는다고 큰일 나지 않아. 그냥 우리가 누리는 것에 감사한 줄 알고 마음의 여유를 가져봐. 다 좋은데 뭐가 불만이야!

여기서 어떤 관계의 역동성이 엿보이는가? 안드레아스는 카타리나에게 특정한 감정을 주입하고 이에 상응하는 특정한(자신이 원하는) 방식으로 느끼도록 강요한다. 카타리나가 무엇을 하고 무엇을 느껴야 하는지 이야기하는 셈이다. 얼핏 보면 아내를 위해서인 것처럼 보인다. 카타리나의 기분이 나아지고 여유로워지기를 바란다는 것이다. 누리는 것이 많은 삶을 살고 있는데 뭐가 불만이냐고도 묻는다. 어쩌면 이것은 가족 내에서 벌어지는 일의 실체를 미화함으로써 거북한 진실을 외면하려는 시도는 아닐까? 이런 행동은 카타리나를 위한 것인가, 아니면 자기 자신을 위한 것인가?

문제를 파악하고 직시한다면 안드레아스는 이대로 손 놓고 있어서는 안 된다. 자신과 가족에 관해 고민하고 능동적으로 대처해야 한다. 하지만 그에게는 익숙한 기존 상태를 유지하는 것보다 그러한 변화가 훨씬 더 어렵게 느껴지는 것 같다.

데이비드 슈나크는 안드레아스의 행동이 초래하는 결과를 이렇게 분석한다. 카타리나는 남편의 말을 듣고 고민에 빠질 것이다. '그래, 그 말이 맞아. 어째서 나는 매번 문제를 일으키는 걸까?'라고 생각할지도 모른다. 결국은 카타리나 자신의 안위가 중요하므로 자기가 생각을 바꿔야 한다는 압박에 시달리게 된다. 한편 안드레아스는 자신의 개입이나 노력이 소용없다는 생각이 들어 카타리나에게 짜증이 날 것이다. 결국 두 사람 다 마음이 편치 않다.

관계가 깨지는 이유는 서로가 기대하는 바를 솔직하게 터놓지 않기 때문이다. 카타리나는 남편에게 "제발 어머니에게 더 이상 개입하지 마시라고 전해!"라고 쏘아 붙인다. 남편은 "어머니가 그런 뜻으로 한 행동이 아니라는 걸 받아들일 수 없어?"라고 대꾸한다. 바로 여기에서 공모성 동맹의 실체가 드러난다. 양쪽 모두 상대방이 변함으로써 평화가 찾아오기를 기대한다. 스스로를 돌아보며 자신이 변화시키고자 하는 것이 무엇인지 파악하려 하지도 않고, 자신에게 주어진 상황에서 능동적으로 행동하지도 않는다. 결과적으로 이는 양쪽 모두에게 부정적으로 작용한다. 부모가 자신의 안위를 돌보지 않고 자기 마음 편하자고 자녀가 변하기를 기대할 때도 마찬가지다.

> 관계가 깨지는 이유는 서로가 기대하는 바를 솔직하게 터놓지 않기 때문이다.

투쟁성 동맹

공모성 동맹과 더불어 투쟁성 동맹도 성공적인 인간관계의 자양분이 되지 못한다. 투쟁성 동맹에서 양쪽은 어느 정도 분리되어 있는 동시에 불건전한 방식으로 서로 얽혀 있다. 이 동맹은 감정적 얽힘을 초래한다. 투쟁성 동맹을 맺은 사람들은 영구적인 투쟁에 매여 있다. 두 개의 검이 서로 맞부딪힐 때는 접촉점이 발생하기 마련이다.

사례: 안드레아스와 카타리나(투쟁성 동맹)

카타리나: 어떻게 그럴 수가 있지? 당신 어머니가 또 밥 먹기 전에 마리에게 단것을 주셨어!

안드레아스: 내 어머니를 비난하는 일은 그만둬. 나도 더 이상은 못 들어주겠다고! 공짜로 이 집에 사는 걸 고맙게 생각해! 내 부모님이 아니었으면 당신이 이만큼 누리며 살 수 있었을 것 같아?

카타리나: 이 형편없는 머저리 같으니! 결혼할 때 내 부모님께서 당신은 평생 꿈도 못 꿀 만큼 많은 걸 해 주셨다는 건 잊은 모양이지? 마마보이처럼 엄마 시중이나 받고 사느라 혼자 힘으로 뭘 이뤄본 적도 없으면서! 당신 같은 사람이 그런 말을 하다니 웃기지도 않군!

카타리나는 눈물을 흘리며 휙 돌아서서 나가 버린다.

카타리나와 안드레아스는 싸움을 벌이는 중에도 자신이 어떤 무기로 상대방을 다치게 할 수 있는지 정확히 알고 있다. 안타깝게도 이런 관계는 서로에게 상처만 남긴다.

협동성 동맹

평등한 관계를 누리기 위해서는 눈높이를 맞추고 팀워크를 다져야 한다. 모두가 모두의 안녕에 힘쓰는 동맹, 즉 협동성 동맹이 그 전제조건이다. 이때도 부모는 자녀들에게 길잡이가 되어 줄 수 있도록 모범을 보여야 한다. 안드레아스와 카타리나가 관계를 강화시키는 협동성 동맹을 맺는다면 두 사람의 대화는 다음과 같은 양상을 보일 것이다.

사례: 카타리나와 안드레아스(협동성 동맹)

카타리나: 어떻게 그럴 수가 있지? 당신 어머니가 또 밥 먹기 전에 마리에게 단것을 주셨어! 앞으로 어떻게 해야 할지 당신과 이야기를 나누고 싶어. 나는 이 상황이 너무 스트레스인데 도무지 나아질 것 같지가 않아.

안드레아스: (한숨을 쉬면서) 안타깝게도 당신 말이 맞아. 나도 그 문제 때문에 신경이 쓰이던 참이야. 거주지를 바꾸는 일은 생각도 하기 싫지만 아무래도 이사를 해야 할 것 같아.

이 동맹의 '원칙'을 상기해 보라. '모두의 안녕을 위해 서로 신뢰하며 다함께 힘쓰자.' 카타리나는 자신의 짜증과 좌절감을 솔직히 이야기하고 바람을 드러내며 자유롭고 즐거운 삶을 위해 함께 변화할 것을 안드레아스에게 제안하고 있다. 안드레아스는 변화가 시급한 상황임을 인정하고 매우 거북한 현실까지도 받아들인다.

물론 협동성 동맹에서도 마찰과 오해는 빚어진다. 동맹이 '깨질' 수

도 있지만 이로 인해 관계 전체가 흔들리지는 않는다. 논쟁과 오해도
이 동맹의 일부다. 다만 당사자들이 어떻게 반응하는가가 이 동맹과
다른 동맹들 간의 결정적인 차이를 만들어낸다.

사례: 카타리나, 안드레아스, 마리

사실 카타리나와 안드레아스는 사이가 좋고, 가족 모두의 안
녕을 위해 최선을 다하는 부부다. 그러나 간혹 이런 일도 벌어
진다. 양치질을 하라는 안드레아스의 말에 마리는 카타리나에
게 가서 오늘 꼭 이를 닦아야 하는지 묻는다. 카타리나는 아무
것도 모른 채 "오늘은 예외로 하자꾸나"라고 대답한다.

이 말을 들은 안드레아스가 어처구니는 표정으로 묻는다.
"설마 일부러 그러는 거야? 마리가 이를 닦게 하려는데 어째
서 훼방을 놓는 거지?"

그 말에 카타리나는 "어, 미안해! 정말 몰랐어. 미안하구나,
마리. 오늘은 아빠와 함께 양치를 하렴"이라고 대답한다. 그러
면 안드레아스가 화를 냈음에도 화목한 관계가 파탄으로 치닫
는지는 않는다.

불필요한 자극을 주고 싶지 않은 안드레아스가 말이나 행동
으로 반격을 가하지 않고 자신에게서 비롯된 소란을 조용히
끝맺을 경우 모든 일은 좋게 마무리된다. 그러나 그가 투쟁 모
드를 유지한 채 눈에 불을 켜고 언쟁을 계속하는 순간 호의적
인 관계는 끝나 버린다.

"그래, 그래, 미안하다면 끝이지! 어물쩍 넘기기에는 늦었어! 봐, 마리가 또 징징대잖아! 너희들과는 뭘 할 수가 없어. 두 번 다시 양치를 도와주나 봐라!"

듣기에 따라서는 그의 말이 이렇게 들릴 수도 있다.

"저렇게 신경이나 긁어대는 게 무슨 가족이람! 마음 같아선 뒤도 안 돌아보고 이 집에서 나가 버리고 싶다고! 너희들이 나를 가두고 있는 거야! 여기, 당신 말이야! 그리고 너! 너희들 모두가 말이지!"

그러나 그는 이런 말을 입 밖으로 내지도, 생각하지도 않는다. 안드레아스와 카타리나는 대화를 통해 상황을 해결할 수 있다. 자기 자신에 관해 성찰하고 상대방의 말을 경청할 수 있기 때문에 상황을 극적으로 몰아가지도 않는다. 두 사람, 혹은 적어도 한쪽이 감정을 절제할 수 있는 덕분이다.

풍요로운 부부 공간

부부의 공간에서 부모가 서로를 호의적으로 대하고 배우자와의 대화에 관심을 기울이며 자기감정에 의식적으로 대처하는 것은 아이가 정신적으로 풍요롭게 자라는 데 이상적인 전제조건이 된다. 아이들이 살아가는 가족의 틀은 부부 공간의 영향을 받는다. 아이를 홀로 키우는 사람이라면 가정의 유일한 어른으로서 가족 전체의 분위기를 책임지지만 그 밖의 가족에게는 공통적으로 이런 원칙이 적용된다. 아이와 어떤 관계를 맺는가, 아이의 감정을 조절해 줄 수 있는가는 가족의 틀

을 결정지을 뿐 아니라 아이의 안위에도 매우 중요
하다.

당신이 팀워크를 배울 수 있는 곳은 현재의 가족
이다. 또한 자아와의 대면, 다시 말해 당신 자신, 당신
이 바라는 것과 바라지 않는 것을 이해하는 일은 가족과 맺는 협동성
동맹의 전제조건이다. 데이비드 슈나크에 의거하면 여기에는 다음과
같은 의미가 있다.

- 반드시 해야 할 일을 하라. 거북한 현실도 똑바로 마주하고, 당신과
아이들의 안위를 위해 변화가 필요하다면 이를 두려워해서는 안 된다.
- 자녀와 배우자의 말에 귀를 기울여라. 그들의 생각에 감정을 이
입해 보고 자기 자신에게도 입지를 허용하라.
- 당신이 언제 동맹을 깨는지 면밀히 관찰하고 이를 자신에 관해
조금 더 알게 되는 기회로 삼아라. 그 뒤에는 '오늘부터 나는 ……를
할 것이다'라는 식으로 새로운 결의를 다져라.
- 당신이 동맹을 깼을 때는 새로운 동맹을 맺어라. 자녀와의 동맹
이라면 당신의 행동에 책임지고 사과하는 식으로 이를 바로잡을 수 있
다. 배우자는 물론 자기 자신과의 관계에서도 마찬가지다. 자신을 탓하
는 대신 자기 행동에 책임을 지고 다음번에는 다르게 행동하라.
- 감정에 휘둘리거나 자동제어장치에 스스로를 맡기지 마라. 그것
이 반드시 당신을 올바른 방향으로 이끌지는 않기 때문이다.

당신은 스스로에게 책임을 진다. 배우자나 아이가 책임을 다하지 않았을 때도 마찬가지다. 그들의 행동이 당신의 행동에 대한 변명이나 구실이 될 수는 없다. 당신에게는 항상 결정권이 있다. 희생양 역할에서 벗어나 책임감 있는 자세를 갖춰야만 타인들과 어떤 관계를 맺고자 하는지 스스로 결정할 수도 있다는 의미다.

성공적인 관계 맺기 연습

협동성 동맹을 실천하기 위해서는 연습이 필요하다. 건설적이고 진솔하게 상호 협조하는 분위기에서 자란 사람은 극소수에 불과하기 때문이다.

훈련법: 팀워크를 다지기 위한 마음의 주문

마음으로 주문을 외우는 것이 훈련에 도움이 될 수 있다. 이 주문은 가족 구성원의 안위가 중요시되는 팀을 이루고 가족과 평화롭게 공존하는 데 필요한 것이 무엇인지 상기시켜 줄 것이다. 다음의 주문들을 머릿속으로 여러 번 되뇌거나 소리 내어 읊어 보라. 특히 마음에 들거나 편안하게 느껴지는 것을 종이에 적어서 눈에 잘 띄는 곳에 붙여두는 것도 좋은 방법이다.

- '나는 내 행동에 책임을 진다.'

- '나는 믿는다.'
- '나는 가족의 진실을 과감히 직시한다.'
- '나는 반드시 해야 할 것을 한다.'
- '나는 변화가 요구될 때 열린 태도로 이를 받아들인다.'
- '나는 감정을 허용하고 원하는 바를 피력한다.'
- '나는 내 아이/배우자의 생각과 바람을 열린 태도로 받아들인다.'
- '나는 내 아이/배우자에게 곧바로 어떻게 반응해야 하는지 항상 결정할 수 있다.'
- '나는 내 감정을 조절한다.'
- '나는 부부 간의 건강한 분위기를 위해 내 몫의 책임을 진다.'
- '나는 가족의 건강한 분위기를 위해 내 몫의 책임을 진다.'
- '나는 아이와의 관계의 질에 책임을 진다.'
- '나는 나 자신과 내 바람, 필요, 내 문제들에 스스로 책임을 진다.'
- '우리는 신뢰를 바탕으로 가족의 안녕을 위해 노력한다.'
- '우리는 감정과 바람을 터놓고 이야기한다.'
- '우리는 대범하다.

부모가 된다는 것은 개인과 부부, 부모로서 성숙하게 행동함으로써 '미성숙한' 가족 구성원들에게 어른다운 본보기를 보여주는 것을 의미한다. 자녀들과 눈높이를 맞추려면 무릎을 꿇어야 한다. 물론 아이들이 자랄수록 무릎을 꿇을 일은 점점 줄어든다. 다른 성인들과는 그저 성인 대 성인으로 마주서면 된다. 중요한 것은, 어울림에 있어 내가 책임질 부분을 책임지는 일이다.

당신은 인간관계가 얼마나 큰 실망과 좌절을 초래할 수 있는지 알고 있을 것이다. 그런 만큼 당신 자신과 명확한 관계를 정립하는 일이 중요하다. 이를 배우는 것이 다른 모든 과정의 시작이다. 종교철학자 마틴 부버Martin Buber는 이런 말을 했다. "중요한 단 한 가지는 자기 자신으로부터 출발하는 일이며, 이 순간에는 바로 그 시작에 집중하는 것 외에 세상의 다른 어떤 일도 돌볼 필요가 없다."

훈련법: 관계의 역동성을 가시화하라

당신의 삶에 존재하는 사람들을 떠올려 보라. 당신은 누구와 시간을 보내는가? 당신에게 중요한 사람은 누구인가? 누가 당신에게 영향을 주는가? 종이를 준비해 '관계의 나무' 또는 당신을 둘러싼 '구름'을 그려 보라. 종이 한가운데 원을 그린 뒤 자신의 이름을 적어 넣고 주위를 다른 사람들로 둘러싸이게 하는 것도 좋다.

이제 선을 그어 다른 사람들의 원과 당신의 원을 이어 보라. 다양한 색깔과 형태의 선을 사용해도 좋다. 예컨대 강한 연결고리를 맺고 있는 사람은 굵은 실선을, 덜 가까운 사람은 가느다란 점선을 사용하라.

먼저 유년기에 맺은 관계들을 그린 뒤 다른 종이에 현재의 관계도를 그려라. 이렇게 하면 세월의 흐름에 따른 변화가 가시화될 것이다. 당시의 관계가 주는 느낌은 어땠는가? 달랐더라면 하는 아쉬움이 남는 부분은 무엇인가? 현재는 어떤가? 관계에 변화를 주고 싶은가? 어떤 변화를 원하는가?

이제 친밀한 사람들이 당신과 관계를 맺는 방식, 그리고 당신이 그들과 관계를 맺는 방식에 관해 고찰해 보라. 당신은 앞서 언급한, 모두가 모두의 안녕을 위해 힘쓰는 협동성 동맹을 맺고 있는가? 호전적인 태도로 주변 사람들을 대하게 되는 경우는 언제인가? 때로는 앞의 사례에서 안드레아스가 그랬듯 상대방이 생각을 바꿈으로써 문제가 일단락되기를 바라기도 하는가? 누군가 당신에게 이를 요구한 적도 있는가?

아마 당신의 머릿속에는 온갖 생각이 떠오르고 수많은 관계의 역동성이 가시화될 것이다. 그럴 가능성이 있다는 뜻일 뿐 그렇지 않아도 상관없다. 모든 답을 해야 하는 것은 아니다. 지금 당신은 시험을 보는 게 아니다. 지금까지 은폐되어 있던 관계의 단면을 엿보는 것일 뿐이다. 이렇게 하고 나면 뭔가 새로운 점을 발견하게 될 것이다. 당신은 먼저 이것을 의식적으로 관찰해야 한다.

이 모든 과정이 쉽지만은 않을 것이다. 일부 관계에서는 명확한 역동성을 파악하기 어려울지도 모른다. '늘 그래왔기 때문'일 수도 있고, '좋은 의도로' 그랬다고 주장하는 사람들의 진의를 파악하기가 어려워서일 수도 있다. 뭔가를 들추어내는 일은 고통이다. 누구에게나 묻어둔 것은 있기 마련이며, 많은 경우 이것을 혼자서 파헤치는 일은 무척 어렵다. 당신이 원하는 삶의 변화를 유도하기 위해 보다 면밀한 관찰이 필요하다고 느끼되 오롯이 혼자라면 누군가에게 지원을 요청하라고 다시 한 번 권한다.

이제 당신이 친밀하거나 느슨한 관계를 맺고 있는 상대가 누구인지 분명히 알게 되었을 것이다. 동시에 그 관계들이 어떻게 느껴지는지도 대략 파악할 수 있을 터이다. 그럼 이제 한 단계 나아가 다양한 관계의 게임을 벌여 보자.

훈련법: 친밀함을 허용하고 거리를 두라

작은 메모지나 포스트잇에 당신과 주변 사람들의 이름을 적어라. 한 장에 한 명의 이름만 적어야 한다. 이제 친밀한 관계를 맺고 있는 사람들, 혹은 당신 삶에 들어와 있긴 하지만 당신의 삶의 관여하지 않았으면 싶은 사람들을 떠올려 보라. 이제 모든 이름표를 당신의 이름표 주변에 늘어놓아라. 그리고 다음 기준에 따라 당신이 느끼는 순서대로 이를 정렬하라.

- 누가 어디에 위치하는가?
- 누가 얼마나 가까운가?
- 이것이 어떻게 느껴지는가?

이제 당신과의 거리를 가늠해 보라. 이름표의 위치를 바꾸어 가며 그것이 어떤 느낌을 주는지 생각해 보라. 부담스럽거나 지나치게 가깝다고 느껴지는 이름표를 선별해 당신과의 거리를 약간 넓혀라. 조금 후련해지는가? 그럼 됐다! 아직 아닌가? 그러면 이름표의 위치를 다시 옮겨라. 자녀들의 이름표는 어디에 있는가? 배우자는 어떤가? 당신이 원하는 배우자의 위치는 어디인가? 배우자가 조금 더 가까이 다가와도 괜찮은가?

다음 훈련의 목적은 당신의 바람을 가시화하는 것이다. 당신이 삶에서 반드시 이루고자 하는 목표들을 자각하고 있는가? 당신이 거부하는 것은 무엇인가? 예전에는 했을지 모르나 이제는 결코 고려의 대상이 되지 않는 일(노고, No-go), 살면서 더 많이 하고 싶은 일(머스트 해브, Must-have), 하고는 싶으나 두려움 때문에 지금껏 하지 못한 일(갈망)이 무엇인지 스스로 알고 있는가?

훈련법: 머스트 해브, 노 고, 그리고 갈망

이번에도 종이 한 장을 준비한 뒤 수직으로 선을 두 개 그어서 세 부분으로 나누어라. 그리고 각각의 칸 위에 '머스트 해브', '노 고', '갈망'이라는 제목을 붙여라. 이제 당신이 어떤 변화를 원하는지 숙고한 뒤 세 개의 칸을 채워 넣어라. 당신이 볼 때 변해야 하는 것은 무엇인가? 이때 어떤 결정에도 그에 상응하는 대가가 따르며 '노 고'와 '머스트 해브'의 경우 그 대가를 기꺼이 감수하겠다는 확신이 있어야 함을 염두에 두어라. 갈망의 경우 지금껏 그것을 위해 치러야 할 대가가 너무 비쌌거나 여전히 비쌀 수도 있다.

배우자에게도 이 목록을 작성해 보라고 한 뒤 그에 관해 대화를 나누는 것은 어떤가? 자녀들 또한 각자의 바람에 관해 이야기할 기회를 갖고 싶어 하지 않을까?

가령 당신은 더 이상 부모나 시부모와 한 집에 살고 싶지 않아(노 고) 분가할 새 집을 구하고 싶을지도 모른다(머스트 해브). 정원이 딸린 집을 꿈꾸지만 가격이 너무 비싸 엄두를 내지 못하고 있지는 않은가? 그렇다면 이것이 바로 갈망에 해당한다.

또 다른 예로 당신은 아이 할머니와 시급히 거리를 두어야겠다고 느끼고 그가 주 2회 손주를 돌봐주는 일을 그만두었으면 한다(노 고). 베이비시터나 보모를 쓰는 것이 이상적인 해결책이지만 당장은 그에 필요한 재정 자원이 충분치 못하다(갈망).

당사자들과 접촉점을 찾고 대화를 시도하라. 이때는 달갑지 않은 의견과 바람도 경청할 각오를 해야 한다. 성공적인 인간관계를 만드는 일뿐 아니라 당신이 추구하는 목표가 주변 사람들과의 합의 하에 달성될 가능성을 높이는 일도 당신의 몫이기 때문이다.

9장

어른이 된다는 것

아이는 '어떻게 성장해야 하는지'를 배우기 위해 어른들을 필요로 한다.
진정 성숙한 어른은 독립성과 더불어 관계 맺기 능력을 갖추고 있다.
인간관계와 거기에서 비롯된 위기들은
성장과 자아 성찰의 기회를 제공함으로써 당신을 참된 성숙의 길로 이끈다.

내적 균형을 이루는 네 가지 요소

아이들은 '어떻게 성장해야 하는지'를 배우기 위해 어른들을 필요로 한다. 그러나 어른도 이따금씩 난관 앞에서 어른답게 성숙한 태도를 보이기가 극히 어렵다.

당신은 자녀나 배우자의 바람이 자신의 바람과 다를 때 어떻게 반응하는가? 이때 자기 자신을 지킬 수 있는가? 가족과 팀을 이루어 협동하고자 한다면 먼저 자기 행동에 책임질 수 있어야 한다. 그렇게 해도 때로는 뜻하지 않은 행동이 튀어나올 수 있다.

카타리나와 안드레아스의 사례를 통해 우리는 투쟁성 동맹, 다시 말해 타인들을 호전적으로 대하는 관계의 역동성에 관해 살펴보았다. 이

투쟁이 또 어떤 모습으로 나타날 수 있는지 다른 사례를 들어 보겠다. 이번에는 부부 관계가 아니라 부모 중 한쪽과 자녀 간의 관계에서 나타나는 양상이다.

사례: 팀, 릴리, 젤림 (투쟁적)

릴리가 텔레비전을 보고 있는데, 팀이 예고도 없이 텔레비전을 꺼버린다.

팀: 이제 그만 봐!

릴리: 싫어! 아빠 나빠!

팀: 그런 말 하면 못 써!

릴리: 내 맘이야!

팀: 그만둬! 아빠한테 그런 식으로 말했단 봐라!

릴리: 할 거야! 아빠 나빠!

팀: 그 말 한 번만 더 했다가는 내일 텔레비전 못 볼 줄 알아!

그 말에 릴리는 팀을 마구 때리기 시작한다. 팀은 으름장을 놓는다. 엄마 젤림이 끼어든다.

젤림: 그만둬! 당신은 왜 애한테 그런 말을 하는 거야? 그만해. 당신이 먼저 시작했잖아!

그러자 팀이 맞받아친다.

팀: 당신은 왜 매번 끼어드는 거야! 지긋지긋하다고!

젤림: 애들 앞에서 그렇게 소리 좀 지르지 마, 머저리 같은 인간아!

릴리가 울음을 터뜨리며 말한다. "엄마, 소리 지르지 마세요!"

팀이 보다 '성숙한' 사람이었다면 이 상황을 어떻게 타개했을까?

릴리가 텔레비전을 보고 있다.

팀: 릴리, 이것까지만 보고 끌 거야! 그 다음엔 아빠가 재워 주마!

릴리는 대답이 없다.

팀: 릴리?

릴리: 아빠, 한 편만 더 볼게요!

팀: 안 돼, 릴리. 끝날 때까지 아빠가 기다려줄게. 그 뒤에는 자러 가야 해.(안정적이고 유연한 자아 및 합리적인 절제력)

릴리: 아빠 나빠!

팀: 그래, 이제 자러 가자.(차분하고 평온한 내면)

젤림: 내가 도와줄까?

팀: 아니, 사양할게!(적절한 반응)

젤림이 쿡쿡 웃는다.

만화영화가 끝났다.

팀: 네가 텔레비전을 끌래, 아니면 아빠가 끌까?

릴리: 아빠가요! 대신에 책 읽어 주셔야 해요!

팀: 그럼, 늘 하던 대로 말이지.

릴리: 네, 늘 하던 대로요.

아이들은 애착과 독립을 향한 기본 욕구 사이에서 이리저리 흔들린다. 아이들이 두 가지 모두를 충족시키도록 도와주는 것이 부모의 몫이다. 부모는 아이들을 자유롭게 해 주는 동시에 디딤돌이 되어 주며, 아이들이 필요와 요구가 있을 때는 안전감과 애정을 쏟아 주어야 한다. 성인이라면 주변 사람들의 바람이 내 것과 다를지라도 그것을 수용할 수 있을 정도로 성숙된 '차별성'을 갖춰야 한다. 이때는 긴장을 견디며 자기 자신, 그리고 그들과의 접촉을 유지할 수 있어야 한다.

진정 성숙한 어른은 독립성과 더불어 관계 맺기 능력도 갖추고 있다. 인간관계와 거기에서 비롯된 위기들은 성장과 자아 성찰의 기회를 제공함으로써 당신을 참된 성숙의 길로 이끌어준다. 열린 태도로 마찰을 견디며 이를 자기 내면과 타인을 성찰할 기회로 받아들일 때 계속해서 성장할 수 있다. 우리는 우리를 이루는 많은 사람들과의 공존을 통해 성장한다. 우리는 '서로와 연결된다.'

데이비드 슈나크는 내면의 균형을 이루는 네 가지 요소를 제안한다. 앞서 팀의 '성숙한' 행동 사례에서도 이를 관찰할 수 있었다.

• **안정적이고 유연한 자아**: 당신은 자신을 잃지 않고 자기 가치관과 생각에 맞게 행동한다. 자신의 가치관을 옹호하되 상대방의 가치관이 이와 균형을 이루지 않더라도 열린 자세로 그를 대한다. 타인에게 어떤 확인도 기대하지 않을 때 이처럼 안정적이고 유연한 자아가 탄생할 수 있다. 또한 자녀가 달갑지 않은 행동을 해도 아이에게 뭔가를 확인하려 들지 않는다. 주변 사람들의 인정과 확인에 좌지우지되는 사람들

은 이와 대비된다.

- **차분하고 평온한 내면**: 당신은 나름의 감정과 두려움을 받아들이고 그에 대처하며 자신의 안위를 스스로 책임질 수 있다. 감정적으로 타인에게 휘둘리지 않기 때문에 그들과 안정적이고 유연한 관계를 유지할 수도 있다.

- **적절한 반응**: 당신은 난관에 맞닥뜨리거나 특정한 행동으로 당신을 뒤흔드는 사람과 마주쳐도 차분하고 적절하게 반응한다. 상대방의 과격한 반응에 휩쓸리지 않으며, 별로 내키지 않는 화제도 과감히 꺼낼 수 있다.

- **합리적인 절제력**: 당신은 거북한 감정과 상황을 견디고 그 안에서 성장의 기회를 발견한다. 저항력이 강하며, 쓰러졌다가도 다시금 일어나 계속해서 전진한다. 실망하고 좌절해도 그 길이 합리적이라고 판단될 경우 포기하지 않는다.

아이들에게는 어른이 된다는 것이 무엇을 의미하며 어떻게 '진행되어야' 하는지 배우기 위해 어른이 필요하다. 종종 "아이들이 성장할 때 나도 함께 성장한다면 문제가 생길 거예요!"라고 말하는 어른이 있다. 스스로 이미 충분히 성숙했다는 생각에 성장의 기회를 붙잡지 않는 것이다. 자기 자신과 인간관계에서의 자기 행동에 관해 깊이 생각하지 않는 경우라면 더욱 그렇다.

평등하고 의식적인 삶을 위해서는 위의 네 가지 요소를 지키고 단련하기 위해 부단히 노력해야 한다. 그렇게 함으로써 친밀한 사람들과

관계를 가꾸어 나갈 수 있다. 친밀한 사람들과 관계를 맺고 그들에게
책임을 지는 동시에 최선을 다하며 존엄하고 존중받는 완전무결한 존
재로서의 자신을 의식적으로 지켜야 한다.

당신은 얼마나 차별화되어 있는가? 이 화두를 놓고 성찰하는 과정
에 앞서 분노와 스트레스, 두려움을 다룬 내용 중 마음에 새겨 두었거
나 자극받은 것들을 활용할 수도 있다. 자신을 잃지 않는 일이 특별히
어렵게 느껴지는 상황이 언제인지도 그 부분에서 확실히 파악해 두었
으리라고 믿는다.

미성숙을 벗어나 성숙한 행동으로

팀과 릴리의 대화에서 자신을 지키는 데 성공할 경우 상황이 얼마
나 다르게 흘러갈 수 있는지를 보았다. 난관에 부닥쳤을 때 적절하고
성숙하게 반응하는 일은 도전이나 마찬가지다. 스스로를 조절하는 것
도 어렵지만 미성숙한 행동방식을 취할 가능성이 수만 가지쯤 되는 탓
이다. 앞에서도 언급한 빅터 E. 프랭클은 자극과 반응 사이에는 공간이
있다라고 말했다.

"이 공간에는 어떻게 반응할 것인지 선택할 수 있는 우리의 권력이
깃들어 있다. 우리의 발전과 자유는 우리가 취하는 반응에 녹아 있다."

당신은 어떤 점에서 성숙한 행동을 발견하며, 이것을 미성숙한 행동
과 어떻게 구별하는가?

성숙한 행동의 특징	미성숙한 행동의 특징
선순환	악순환
에너지 생성	에너지 소모
연결고리 생성	분리 유발
자기 원 안에 머묾	자신의 '외부'에 머묾
실행 후 기분이 좋음	실행하는 동안에는 기분이 좋을 수 있음

성숙한 행동과 미성숙한 행동의 특징

논쟁 후 느끼는 즐거움

참되고 성숙한 행동을 할 때 반드시 기분이 좋은 것은 아니다. 그러나 행동이 끝난 뒤에는 다르다. 폭풍우가 휩쓸고 간 뒤의 상쾌함이 밀려온다. 난관을 겪는 순간에는 좋지 못한 행동방식, 다시 말해 자동적으로 기존의 표본에 맞게 행동하는 것이 더 후련한 느낌을 줄 수 있다. 이는 익숙하고 쉬울뿐더러 이따금 악의적인 욕구를 충족시켜 주기도 한다. 그러나 사랑하는 사람을 그렇게 대하고 나면 뒷맛이 개운하지 못하다. 어른스럽고 성숙하며 그에 어울리게 명확한 행동방식은 실행하는 동안에는 낯설고 묘하고 꺼림칙하게 느껴질 수 있다. 그러나 최선의 지식과 양심에 따라 행동함으로써 악의적이고 어리석은 행동방식은 면했기 때문에 그 후에는 기분이 좋아진다.

누군가와 대화하면서 상대방의 정신 연령이 도대체 몇 살인지 의문을 품은 적이 있을 것이다. 반대로 자신의 유치한 반응이 어디에서 비롯된 것인지 스스로 의아했던 적도 있을 것이다.

성숙한 행동과 미성숙한 행동을 보다 자세히 이해하고 나면 상대방이 기대한 반응을 보이지 않을 때 당신이 취할 수 있는 최선의 행동방식이 무엇인지 파악할 수 있다. 혹은 원하는 무언가를 얻어내기 위해 당신이 어떤 행동표본을 취하는지도 알게 된다. 동시에 타인들이 반복적으로 취하는 행동방식 또한 가시화될 것이다.

성숙한 행동의 예	미성숙한 행동의 예
수용적	대답 회피
매력적	오만함
겸손함	거부
대화가 가능함	눈 흘김
솔직함	모욕적인 언행
호감형	책임 전가
쾌활함	남을 휘두르려 듦
인내심	잘난 척
안정적	이중 메시지를 보냄
평등함	강압적
헌신적	악의적
포용적	짜증
본능적	모순적
정직함	통제
직관적	거짓말
자신의 경계선이 분명함	조작
명확한 '예'	벽을 쌓음
명확한 '아니오'	신경질적
소통	불만
놓아주기	수동적 공격성
공감	독선적
존중	냉소적
스스로를 돌봄	토라짐
관용	빈정거림
책임의식	자신이나 타인이 한 일에 수치심을 품음

성숙한 행동의 예	미성숙한 행동의 예
부드러운 태도	자책
호의적	스스로를 (감정적으로) 마비시킴
자신과의 접촉점 유지	아첨
도덕적으로 올바른 행동	타인을 얕보는 태도
스트레스 조절 능력	굴종
호들갑 떨지 않음	희생양 역할을 함
침착함	사회적 따돌림
자기 관찰 능력을 갖춤	험담을 일삼음
자아 성찰 능력을 갖춤	고집스러움
열린 태도	과도한 배려
갈등으로 인한 긴장감을 견딜 수 있음	왜곡
한 연결고리가 끊어져도 다른 연결고리	비난
를 맺을 수 있음	자기 생각을 주입하려 듦

성숙한 행동과 미성숙한 행동

이 목록을 보며 느낀 바를 곱씹어 보라. 이는 '만일 ……했다면 어땠을까?'라는 생각놀이로 당신을 이끌 것이다. 위 목록을 개인적으로 보충해도 좋다.

당신은 오로지 의식하는 것만을 변화시킬 수 있다. 그러니 변명은 그만두어라. 애정 어린 태도를 유지하는 것보다 토라지는 것이 훨씬 쉽다는 사실을 당신은 잘 알고 있을 것이다. 인간관계에 최선을 다하고 싶은가? 그렇게 한다면 이후 기분 좋은 상태를 맛볼 수 있고, 이는 타인의 칭찬으로부터 당신을 자유롭게 해 주고 자존감을 높여줄 것이다.

10장

부모로부터 벗어나기

부모에게서 벗어나는 일은 자기존중감과 자기애의 출발이며,
이로써 당신은 타인의 사랑과 평가에 의존하지 않게 된다.
이를 통해 당신은 아무 조건 없이
자유롭게 사랑을 줄 수도 있고, 받을 수도 있다.

성숙한 어른 되기

이 장을 시작하면서 트리거에 대해 경고를 해 두어야 하는 것은 아
닌지 고민했다. 이것이 책에서 큰 비중을 차지한다면 그렇게 해도 될
까? 아닐 것이다. 그러나 지금부터 설명할 내용이 당신에게 큰 영향을
미칠 수 있다는 사실은 미리 언급해 두고 싶다.

부모를 비롯한 중요 애착 대상이 아이들을 항상 귀하게 대하지 않
는 가정에서 성장하면 성인이 된 뒤에도 내면에 해묵은 상처를 안고
살아간다. 이 상처는 인간관계, 특히 스스로 부모가 된 뒤 자녀들과의
관계에서 다시금 드러난다. 당사자가 의식하든 않든 유년기의 가족은
당신이 성인이 되고 난 뒤의 행동방식과 관계를 꾸려 나가는 방식에

지대한 영향력을 발휘한다. 그러므로 당신은 당신이 감정을 폭발시키는 방식과 그 강도를 관찰할 때 어린 시절의 가족을 항상 염두에 두어야 한다.

시중에 나와 있는 양육서들은 이 해묵은 상처에 별로 주의를 기울이지 않는다. 그렇게 자라서 이제 성인이 된 이들에게 타인이 '특이한' 행동을 하더라도 이해해 주어야 한다고 훈계하는 경우도 심심찮게 볼 수 있다. 남들이 끊임없이 당신을 비난하고, 자신이 편치 못한 데 대한 잘못이나 책임을 떠넘길 때도 그래야 한다는 것이다. 물론 그 사람을 짓누르는 문제가 무엇인지 파악해 보려는 노력은 할 수 있다. 그러나 꼭 그렇게 해야 한다는 믿음은 그릇된 것이다.

타인에게 "아니오"라고 말하고 나 자신에게 "예"라고 말한다고 해서 나쁜 사람이 되지는 않는다. 배우자를 비롯한 주변 성인들의 감정과 안위에 대한 책임을 떠맡는 일은 큰 짐이며, 어떤 아이나 성인에게도 이를 짊어지게 해서는 안 된다. 그러나 성장기의 아이들은 여전히 부모에게 의존하고 있으며, 대부분 거기에서 벗어나지 못한다. 하지만 성인에게는 선택권이 있다. 의도적으로 보이는 악의적 행동 표본을 간파했다면 어떤 방식으로 그 사람과의 관계를 재정립하고 그를 어떻게 대해야 할지 결정할 수 있다.

> 배우자를 비롯한 주변 성인들의 감정과 안위에 대한 책임을 떠맡는 일은 큰 짐이며, 어떤 아이나 성인에게도 이를 짊어지게 해서는 안 된다.

앞서도 언급했지만 성인이 도덕적으로 비난받을 만한 행동을 저질렀을 때 이것을 충족되지 못한 욕구의 표출이라며 옹호해 주는 일에는 매우 신중해야 한다. 부모의 과거가 불행했다 해서 그들의 그릇된 행동을 변명하거나 이해해 주어서도 안 된다. 때로는 폭력을 행사함으로써 이기적인 욕구를 충족시키는 사람도 있다. 타인에게서 원하는 것을 얻어내거나 개인적 만족을 얻고 즐기기 위해 누군가에게 의도적으로 상처를 입히는 것이다.

생각만 해도 잔인하기 그지없다. 가정에서 아버지나 어머니가 자신의 안위를 위해 끔찍한 일을 저지르는 경우도 있다. 이런 상황의 이면에 어떤 의도와 목적이 숨어 있다는 사실을 누가 믿고 싶겠는가. 하지만 세상에는 이처럼 무자비한 부모의 행동을 미화하거나 변명해 주는 아이들, 그리고 그보다 더 많은 어른들이 있다. 굴종하는 태도와 건전하지 못한 공격성, 그리고 자기혐오에서 벗어나려면 진실을 직시하고 자유로워져야 한다.

감정 이입 능력과 공감 능력이 항상 합당하게 활용되는 것은 아니다. 누군가의 약점을 찾아내 쑤셔대는 일에 악용되는 경우도 있다. 예컨대 처벌이 이런 양상을 보일 수 있다. 어떤 사람들은 의도적으로 이런 악의적인 행위를 하며 쾌감을 느낀다. 반사회적인 감정 이입 능력에 관해 데이비드 슈나크는 이렇게 말한다.

"반사회적인 감정 이입은 타인의 고통과 괴로움에서 쾌감을 느낀다. 반사회적 감정 이입의 특징 중 하나는 상처를 주는 행위에 대해 반성의 기미가 조금도 보이지 않는다는 점이다. 상처받은 상대가 반성을 요구해도 소용없다."

부모나 친밀한 애착 대상이 아이를 마음대로 주무를 때 아이의 성장과 발전은 어마어마하게 저해된다. 이때 아이는 자신의 눈앞에서 벌어지는 일을 이해하지 못하고, 이는 결국 트라우마가 된다. 이런 상황에서는 상처 주는 사람의 진짜 모습을 간파하고 그들이 염두에 두고 있거나 의도하는 것을 읽어내며 가족 내에 의식적인 잔혹 행위가 벌어진다는 사실을 직시해야 한다. 이런 통찰력을 갖는 것이 바로 치유의 첫걸음이다.

부모로부터 벗어난다는 것은 인연을 끊어버린다는 의미가 아니라 모든 인간관계에서 성숙한 어른이 되는 것이다. 즉 현재 상황을 대하는 당신의 마음가짐을 정하고 관계 맺는 '참된' 방식을 정립하는 것이다. 여기서 '참되다'는 말은 그 과정이 힘들고 낯설고 거북하고 고통스럽게 느껴질지라도 끝맺고 난 뒤에는 후련하고 편안한 기분이 들 것임을 의미한다. 부모로부터 벗어나는 일은 결코 반항하기 위함이 아닌 자신을 위한 일이다.

> 부모로부터 벗어나는 일은 결코 반항하기 위함이 아닌 자신을 위한 일이다.

한 인간관계의 끝이 보이고 갈등이 건설적으로 해결되기는커녕 끊임없이 반복될 때 모든 당사자들은 상호 관계 및 자신과의 관계를 맺는 방식에 변화를 주어야 한다. 모두가 아니라면 적어도 한 사람만이라도 행동방식과 관계에 새로운 대안을 모색해야 한다. 그래야만 비로소 새로운 관계를 맺을 수 있다.

가장 먼저 변해야 할 것은 바로 당신 자신이다. 다른 사람들이 먼저 협조해 줄 것이라고 기대해서는 안 된다. 중요한 것은, 잘잘못을 따지는 일이 아니라 자기 강화다. 상대방이 어떤 태도를 취하는지, 이 길을 함께해 줄 것인지는 누구도 장담할 수 없다. 그에게도 당신과 더불어 성장하거나 당신에 의해 성장할 수 있는 기회가 있지만 그는 이것을 볼 수도 있고 보지 못할 수도 있다. 사랑과 인간관계에서는 때로 위험을 감수하는 일도 필요하다. 과감히 시도해 보라.

다양한 부모 유형

다양한 범주와 유형으로 부모를 분류할 수 있다. 예컨대 끊임없이 아이를 따라다니는 '헬리콥터 부모'가 있고, 아이 앞길의 장애물을 모두 치워주는 '컬링 부모'도 있다. '민주적인 부모'는 모든 구성원이 찬성하는 일만 옳은 것으로 간주한다. '베스트프렌드 부모'는 아이들이 자신을 쿨하지 않다고 여길까봐 전전긍긍한다.

그렇다면 완벽한 부모란 어떤 부모일까? 그런 부모가 있다고 생각지 않기 때문에 이에 관해서는 얘기할 것이 별로 없다. 부모 되기는 부모가 되고 나서야 비로소 배울 수 있다. 온갖 인간관계와 상황을 경험하며 이를 통해 성장할 수 있다면 더 할 나위 없이 좋은 일이다. 당신은 '되어 가는' 과정을 거치는 중이며, 주변 사람들을 통해 발전하고 있으며, 그들 또한 당신에 의해 발전하고 있다. 잘못된 길을 가고 있다고 생각될 때는 경로를 수정하고, 자신의 행동에 관해서도 고민한다. 완벽함이 목표라면 당장 버려라. 인생에서 수많은 부담감과 실망은 예정된 것이나 다름없다. 당신은 의식하고 성장하며 건전한 변화를 누려야 한다.

앞서 짧게 설명한 몇 가지 부모 유형은 다른 책들에도 이미 소개되어 있다. 여기서는 부모 - 자녀 간의 역동성과 그것이 성인들에게 미치는 영향력에 관해 설명할 것이다. 이를 위해 자주 접할 수 있는 부모 유형을 네 가지 범주로 나누어 소개하겠다.

- 보통의 신경질적인 부모
- 폭력적인 부모
- 항상 피폐해 있는 부모
- 예측 불가능한 부모

자신에게서 악의적인 행동을 발견하고 충격에 휩싸여 도움을 구하는 부모들은 자신과 대면하는 과정에 들어섰다고 할 수 있다. 이들은 시급히 대안을 찾느라 내적으로 고군분투하고 있다. 문제는, 이러한 자기 통찰과는 거리가 먼 부모와 조부모들도 있다는 사실이다. 이들은 누군가 자신의 행동을 지적해도 이를 거부하며 자녀나 손주들의 행동에 대한 정당한 반응이었다고 주장한다. 데이비드 슈나크는 이와 관련해 이렇게 이야기한다.

"이따금 우리는 이런 사람들의 행동을 옹호해 주는데, 그 이유는 이것이 자신에 관해서도 똑같은 변명거리를 짜내는 일이기 때문이다. 모르고 한 행동이라며 타인의 행동을 용서해 주면 그들과 딱히 티격태격할 일이 없다. (중략) 공공장소에서 부모가 의식적으로 집에서와는 다르게 행동하는 것을 본 자녀들은 즉각 집에서의 행동방식이 잘못된 것임을 부모 스스로도 알고 있음을 간파한다. 부모가 최선을 다하지 않는다는 사실을 아이들이 깨닫는 순간도 바로 이때다."

보통의 신경질적인 부모

보통의 신경질적인 부모는 성인이 된 자녀의 '희한한' 삶을 유머러스하게 받아들이며 자녀들과 더불어 또는 자녀들에게 더 많은 것을 배운다. 젊은 가족에게는 성가시고 까다로우며 지나치게 전화를 자주 거는 존재이기도 하지만 이들이 다정하고 애정을 잃지 않는 부모라는 사실에는 변함이 없다. 이들은 동맹을 깨지 않는다.

이런 부모는 또한 자녀들이 육아에 관해 뭔가를 설명하고 아는 척하면 즐거워하거나 재미있다는 듯 귀를 기울이고 조부모의 역할을 해낸다. 때로는 자녀들이 손주를 대하는 방식을 보며 놀라워하는데, 낯설게 느껴지는 점이 많아도 대개는 내색하지 않는다. 식사 중에 마음대로 자리에서 일어난다니! 6개월 넘게 모유 수유를 한다니! 가족용 침대에서 아이들과 함께 잔다니! 그러나 보통의 신경질적인 부모들은 자녀의 방식이 아무리 낯설어도 호기심을 품고 열린 자세로 자녀를 대한다.

폭력적인 부모

아이들이 순종적으로 자라야 한다는 생각으로 언어적 · 물리적 폭력을 휘두르거나 폭력을 쓰겠다고 위협하며 아이의 의지와 원을 짓밟는 부모가 있다. 이런 부모는 자신이 바라거나 자신이 옳다고 생각하는 대로 자녀들을 통제한다. '부모 중 한쪽'이 아닌 '부모'라고 강조하는 이유는 폭력을 외면하는 사람도 능동적 폭력을 휘두르는 것과 마찬가지기 때문이다. 신체적·정서적 학대를 일삼는 부모도 있다. 협박과 조작, 처벌로 양육하는 부모는 언어심리적 폭력을 쓰는 셈이다. 이런 방식으로 양육하려면 부모가 아이의 약점을 정확히 알고 있어야 한다.

이 경우 눈높이를 맞춘 관계, 즉 인격 대 인격으로서의 관계는 약할 수밖에 없다. 대개는 아이가 어른보다 어른스러워서 감정적 책임까지 스스로 떠안는다. 부모의 기분이 나아지기를 끊임없이 희망하며 폭력마저 감수하는 것이다. 이러다 보면 결국 서로의 행동방식을 '정상'으로 여기게 된다. 자기가 잘못해서 부모가 그렇게 행동한다고 생각하는 아이들도 있다. 이런 정신적·심리적 파괴를 치유하고 다른 성인과 관계를 맺을 수 있기까지는 장기간에 걸친 자아 성찰과 어마어마한 용기가 요구된다.

자녀들과는 좋은 관계를 유지하지만 배우자와는 거리를 두거나 파괴적인 부부 관계를 반복하는 젊은 부모들이 여기에서 파생되는 경우가 많다. 이런 우선순위 정하기는 다소 의문스럽지만 성장 과정을 보면 납득이 간다. 가령 아버지의 말을 거역할 때마다 매를 맞은 아이는 그가 원하는 대로 행동하며 협조할 수밖에 없었을 것이다. 반대로 매를 감내하는 아이도 있는데, 그렇다고 해도 공공연히 반항심을 드러내는 것은 아니다. 이처럼 순종하거나 타인이 정한 규칙에 저항하는 행동에서 드러나는 관계의 표본은 향후 부부 관계에서 다시금 발견된다.

항상 피폐해 있는 부모

어떤 부모들은 세대를 넘어 전해진 트라우마나 가족 내의 심리적 성향으로 인해 정신적으로 항상 피폐해 있으며 그에 상응하는 행동을 보인다. 개중에는 우울증이나 경계선 장애 같은 정신 질환, 심지어 조현병 진단을 받고 살아가는 이들도 있다. 일상생활은 어느 정도 가능하지만 제 역할을 제대로 못하는 알코올 중독자와 약물 중독자도 여기에 속한다. 이때는 부모 본인이 질병을 얼마나 자각하고 있는지가 중요하다. 자신에게 어떤 문제가 있으며 그에 어떻게 대처할 수 있는지, 생활을 유지하기 위해 장·단기적으로 도움을 구할 수 있는지 알고 있어야 한다.

이러한 자각 없이 자신과 타인들 앞에서 자기 상태를 부정하고 삶에 책임을 지지 않는다면 시스템은 흔들릴 수밖에 없다. 이때 다른 가족 구성원들은 가족이 기능하고 어느 정도나마 안정을 유지할 수 있도록 책임을 떠맡거나 중독을 은폐하고 별 것 아닌 것처럼 축소하기도 한다. 이로써 가족들은 동반 의존에 빠지고 공모 동맹 관계에 얽혀 버린다.

사례: 카린과 하랄트

카린은 교사이며 남편 하랄트는 작은 자치 단체의 시장 직을 맡고 있다. 슬하에는 세 자녀가 있다. 알코올 문제가 있는 하랄트는 가족이 참아줄 수 있는 것보다 훨씬 많은 술을 마신다. 게다가 술에 취하면 쾌활하고 기분이 좋아지는 게 아니라 공격적으로 변하는데, 특히 카린을 대할 때 그렇다. 아이들이 이런 모습을 보고 듣는 것을 원치 않는 카린은 남편이 술자리에 가는 날이면 일부러 아이들을 일찍 재웠다. 그리고 자신도 괜한 마찰이 빚어지는 것을 피하려 일찍 잠자리에 들었다.

하랄트가 귀가하면 카린은 쿵쿵 뛰는 심장을 억누르며 그가 자신을 괴롭히지 않고 그대로 침대에 쓰러져 잠들기를 기도했다. 때로 하랄트가 거실 소파에서 잠이 들면 카린은 잠자리에서 일어나 그가 담뱃불을 제대로 껐는지 확인했다. 그리고 이른 아침 아이들이 깨기 전에 어떻게든 남편을 침실로 데려갔다. 보기 좋은 모습이 아닌 만큼 굳이 아이들 눈에 띄게 내버려 두고 싶지 않았다. 이튿날 아침이면 하랄트는 지난밤의 일을 후회하며 음주 습관을 고치겠다고 약속하고 사과했다. 그러고는 또다시 술집을 찾았다. 결코 좋게 봐줄 수 없는 행동이었지만 최소한 예측 가능하다는 점에서 위안을 삼았다.

카린은 이런 대응 방식을 유지하며 어떻게든 상황을 안정시키려 노력했다. 그러나 이것은 아이들이 상황에 대해 입장을 정립하지 못하도록 방해하는 셈이었다. 때문에 아이들은 아버지의 민낯을 알지 못했으며, 그라는 인간 전체가 아닌 일부만을 보았다. 더불어 어딘지 모를 긴장감 속에서 살아가야 했다. 뭔가가 잘못되었으며, 엄마가 끊임없이 긴장한 채 잠시 후에 벌어질 일을 예측해야 한다는 사실도 감지하고 있었다. 앞서 설명한 원과 연결 지어 이야기하자면 아이들이 경험하는 엄마는 자기 원의 바깥에서 맴돌고 있었다.

그러나 카린은 항상 괜찮다는 말로 아이들을 안심시키려 애썼다. 이런 태도는 아이들을 커다란 혼란에 빠뜨린다. 스스로 인지하고 느낀 것보다 엄마의 말을 더 믿는 아이들은 이로써 자신과의 접촉점과 내면의 길잡이, 나름의 진실을 점차 잃어버린다.

예측 불가능한 부모

자신이 바라고 원하는 대로 자녀들이 따라주기만 하면 거의 완벽할 정도로 훌륭하게 부모 역할을 해내는 사람들이 있다. 이들의 자녀는 부모의 원에 스스로를 맞추며 '원 메우기 장치'로 기능해야 한다. 문제는, 부모의 원이 기분에 따라 시도 때도 없이 달라진다는 것이다. 아이로서 당신은 '얌전하게' 행동하며 부모의 기대에 맞추려고 노력하지만, 자신이 언제 '잘못'을 저지르는지는 결코 알 수 없다. 당신의 행동이 못마땅하면 부모는 즉각 "그런 생각을 하다니, 당장 네 방에 가서 나오지 말거라!" 혹은 "그 따위로 행동하면 내 자식이라고 생각하지 않을 거야!" 같은 말로 동맹을 깨버린다.

여기서 이 부모들이 나르시스트라는 등의 진단은 내리지 않을 것이다. 그렇게 평가한다고 해서 달라질 것은 없다. 여러 부모 유형 가운데 최악의 부모는 소시오패스나 나르시시즘 성향을 가진 이들이다. 아이 입장에서는 어디에 장단을 맞춰야 할지 알 수가 없기 때문이다. 안전이 보장되지 않으므로 아이는 끊임없이 위기 모드에서 살아간다. 이것이 얼마나 사람을 미치게 만드는지 아는가! 얼마쯤 시간이 흐르면 아이는 부모와의 삶을 어느 정도나마 예측하기 위해 어떤 말은 해도 되고 어떤 말은 해서는 안 되는지 가늠하려 애쓴다. 그럼에도 삶은 한 순간에 무너질 수 있다. 오늘은 괜찮았던 것이 내일은 폭발하기 때문이다. 간단히 말해 위험은 어느 곳에나 도사리고 있다.

이제 성숙한 본보기가 될 시간

부모로부터 벗어난다는 것은 타인들의 위와 같은 행동을 비롯해 당신이 지금까지 외면해 왔던 여타 행동방식들을 과감히 직시하는 것을 의미한다. 이를 관찰하고 파악하고 분류한 뒤 상황을 좀 더 나은 방향으로 전환시키기 위해 당신이 할 수 있는 것이 무엇인지 숙고하라. 타인이 변하기를 기대하는 것은 금물이다. 중요한 것은 첫째로는 당신 자신, 둘째로는 현재 상황이 부담으로 작용할 경우 스스로를 위해 새로운 결정을 내리는 일이다. 자녀들과의 관계를 위해서도 마찬가지다.

이와 관련해 수많은 사람들의 사례를 소개할 수도 있으나 그렇게 한다 해도 인간관계에 수반되는 다양한 면면을 지금까지 한 것 이상으로 밝혀내기에는 부족할 것이다. 이 책의 작은 틀 내에서는 수많은 사람들이 가지고 있는 이해하기 어려운 행동방식의 원인과 근원을 일일이 규명하고 추적하기 역부족이다. 그나마 다행인 것은 타인들이 왜 그렇게 행동하는가가 부모로부터 벗어나는 과정에서 부차적인 문제라는 점이다. 여기서 관건은 당신이 이들과 어떤 관계를 맺고자 하는지 숙고한 뒤 이를 토대로 지금 새로운 결정을 내리는 일이다.

　부정적인 감정에 대처하는 방법을 변화시키는 일과 마찬가지로 이 과정은 하루아침에 이루어지지 않는다. 따라서 그것이 어떤 양상으로 드러날 수 있는가도 축소해서 다룰 수밖에 없다. 여기서는 그 길의 전체적인 그림만을 설명하고자 한다. 이에 대한 이해를 돕기 위해 앞선 사례에 등장하는 가족(카타리나와 안드레아스, 그들의 자녀와 조부모)의 모습에서 더 많은 역동성과 '안무'를 관찰해 볼 것이다. 카타리나 가족의 사례가 당신의 상황과 맞지 않을 수도 있고, 그들이 부모로부터 벗어나는 과정 역시 당신의 개인적 경험과 상이할 수 있다. 그럼에도 주변 사람들과의 개인적 경험에 대입해 볼 수 있는 일정한 역동성을 이곳에서 발견하기 바란다.

사례: 안드레아스와 카타리나 가족의 크리스마스

　크리스마스가 다가왔다. 온가족이 안드레아스의 부모님 댁에 모였다. 지금까지 크리스마스이브가 되면 안드레아스의 부친인 헤르베르트가 선정한 가족 동영상 한 편을 다함께 시청하는 것이 이 집의 전통이었다. 이번에는 마리의 세례 장면이 담긴 동영상이 선택되었다. 영상을 보던 카타리나는 바짝 긴장한 채 '아, 안 돼! 그 장면만은 제발!' 하고 속으로 외쳤다. 왜일까? 세례식에서 기도문을 읽게 된 사람이 시어머니 로자가 아니라 카타리나의 어머니였기 때문이다.

　예상대로 몇 초 지나지 않아 로자의 깊고 커다란 한숨소리가

퍼졌다. 모두가 들을 수 있을 만큼 큰 소리였다. 안드레아스가
얼른 물었다.

안드레아스: 엄마, 왜 그러세요?

로자: 아유, 아무것도 아니다.

헤르베르트: 여보, 아무것도 아닌 게 아니잖아! 그냥 말해!

로자: 아무것도 아니라니까.

침묵.

로자: (나직한 목소리로) 난 그냥, 내가 저 기도문을…….

안드레아스: (로자의 말을 끊고) 맙소사, 엄마! 아직도 그 일을
담아두고 계신 거예요?

로자: (흐느끼며) 네가 캐물었잖니! 난 정말 아무 말도 하지 않
으려고 했어!

카타리나: (억지로 미소를 지으며) 감자칩 더 드실 분? 아니면 마
실 걸 가져올까?

안드레아스: 어휴, 엄마, 제발 그만하세요. 그게 뭐 그리 큰일
이라고 그러세요!

자리에서 일어난 그는 로자에게 다가가 다정하게 포옹한다.
로자는 눈물을 터뜨린다.

마리: 엄마, 할머니 왜 우시는 거예요?

카타리나: (눈을 흘기며) 별 일 아니야, 아가. 다 괜찮아. 정말이야!

헤르베르트는 와인을 크게 한 모금 마신다.

로자: (안드레아스의 볼을 쓰다듬으며) 착한 우리 아들.

안드레아스: (한숨을 쉬며) 알았어요, 엄마.

로자: (마리를 향해 돌아서며) 봐라, 마리. 할머니는 이제 슬프지 않단다. 이리 와, 할머니 기분이 다시 좋아지게 뽀뽀 한 번 해주렴.

카타리나는 아이들을 데리고 자리를 뜬다. 어차피 시간도 늦은 참이었다. 마리와 마크가 잠자리에 들 준비를 하는데 마크가 뭔가에 걸려 넘어지며 울음을 터뜨린다. 순간 카타리나가 아이에게 버럭 소리를 지른다. 마리가 끼어들어 큰 소리로 외친다.

"엄마, 소리 지르지 마세요!"

이 장면을 보고 무슨 생각이 드는가? 누가 무슨 행동을 하며, 그 이유는 무엇인가? 그 뒤에 무슨 일이 일어나며, 그 이유는 또 무엇인가? 로자는 어떤 행동을 하며, 그 저의는 무엇인가? 그에게는 '마인드 매핑'을 실행할 능력이 있으며, 동석한 가족들에게 자신이 어떤 감정을 유발시키는지 알고 있는가? 무슨 일이 벌어진 것인지 궁금해 하다가 미심쩍은 대답을 들은 마리에게는 무슨 일이 벌어질까? 아이는 할머니가 어딘지 이상하게 행동한다는 것을 알고 있다. 즉 감지하고 있는 것이다. 데이비드 슈나크는 이 주제에 관해 이렇게 말했다. "남에게 나쁜 일, 상처받을 만한 일, 혹은 사회적으로 그릇된 일이 벌어지기를 기대하는 사람이 있을 때 만 4세 이하의 아이들도 그의 은밀한 소망을 간파할 수 있다."

그 자리에 있는 사람들이 서로에게 어떤 반응을 보이는지 살펴보라.

마치 우아하고 꼼꼼히 다듬어진 안무가 펼쳐지는 것 같다. 가족들은 상황을 무마시키기 위한 춤을 춘다. 이런 춤은 그 모양새는 저마다 다를지라도 어느 가족에게나 준비되어 있다. 당사자들은 끊임없이 반복해서 이 춤을 춘다. 이때 그들이 이를 (아직) 의식하고 있는가라는 흥미로운 물음이 대두된다. 자신들이 춤을 추고 있음을 자각하는가? 가령 로자는 자신이 원하는 애정을 어떻게 얻어내는지 알고 있는가?

여기는 일상에서의 의식적·무의식적 행동을 보다 명확하게 이해해 보자. 고속도로의 중앙 차선에서 정속 주행하는 운전자를 본 적이 있는가? 개중에는 남이 자신을 추월하려 하면 속도를 높이는 사람도 있고, 운전 중 통화하다가 그 광경을 본 누군가가 경적을 울리면 가운뎃손가락을 들어 보이는 사람도 있다. 이런 행동을 보면서 "저 사람도 자기가 무얼 하고 있는지 모를 거야!"라는 말로 변호해 줄 수 있는가? 아니다. 이는 남들을 배려할 줄 모르는 악의적인 행동이다.

다른 운전자들이 그 한 사람에게 맞춰주고 배려해 줘야 할 필요는 없다. 중앙 차선 주행자를 향해 경적을 울렸을 때 그가 자신의 실수를 깨닫고 감사와 사과의 뜻을 표하며 우측 차선으로 비킨다면 이런 일은 아무 문제도 되지 않는다. 누구나 잠깐 한눈을 팔 수 있다. 그런데 그게 당연한 권리라도 되는 듯 행동하는 사람들이 문제다. 무인도에 혼자 사는 것도 아니면서 자신의 행동이 다른 사람들에게 영향을 줄 것이라고 생각지 못하는 것이다. 그러면 이 행동이 의식적인 것인가, 무의식적인 것인가? 그는 자신이 운전 중이라는 사실을 알고 있는가? 운전 중에 자신이 통화하고 있다는 사실을 자각하고 있는가? 일차로는 주행 차로가 아닌 추월 차로라는 사실을 알고 있는가? 아마도 그럴 것이다. 알면서도 남을 배려하거나 존중하지 않는 셈이다. 이런 일은 너무나 자주 벌어진다.

물론 중앙 차선에서 정속 주행하는 것이 다른 운전자들의 짜증을 유발하기 위한 계획된 행위라고는 생각지 않는다. 그러나 차에 타면서부터 어느 시점에서 중앙 차선을 차지하고 게임(남이 추월하려 할 때 속도를 높이며 추월을 허용하지 않는 식으로)을 벌일 궁리를 했다면 이는 악의적인 행위로 간주할 수 있다. 위험한 것은 말할 것도 없다. 안타깝게도 세상에는 이런 행위에 유혹을 느끼는 사람들이 종종 있다.

이런 사례를 드는 이유는 해묵은 습관에 머물지 말고 사회적으로 행동할 것을 촉구하기 위해서다. 낡은 습관은 악의적이고 파괴적인 경우가 많으며, 평화와 공존을 이끌어내지 못한다. 인간에게는 소뇌에 저장된 행동방식을 맹목적으로 좇는 것보다 나은 대안이 얼마든지 있다. 최선을 다하고자 한다면 전뇌를 활용하는 것이 좋다. 그러려면 깊이 생각하고 의식적인 결정을 내려야 한다. 습관적으로 행동하는 것보다는 어렵지만 인간에게는 선택권이 있다. 당신은 소극적인 사람으로 남고 싶은가, 아니면 대범한 사람이 되고 싶은가?

악의적으로 행동하는 사람, 다시 말해 주변 사람들에게 지나치게 가까이 접근하고 상처를 입히며 자신의 이익을 위해 남을 악용하는 사람에게도 저마다의 이유는 있을 것이다. 이 책을 통해 자아를 성찰하고 지금껏 은폐되어 있던 것들을 탐색하는 당신과 마찬가지로 다른 이들도 나름의 짐을 지고 있다. 로자와 같은 부모나 조부모들도 마찬가지다. 그들이 겪은 고난은 무엇이었을지 상상해 보라. 가령 힘든 유년기를 보낸 사람도 있을 것이다. 그렇다고 해서 이것이 현재 그들의 그릇된 행동을 정당화해 줄 수 있는가?

트라우마의 원인이 된 잔인한 경험을 애써 떼어버릴 경우 삶의 한 부분에서 완벽하게 제 몫을 수행한다 해도 다른 부분에서는 완전한 실패를 맛볼 수 있다. 트라우마는 불의를 지각하는 영역이기도 한 뇌의 전두엽에 폐해를 입힌다. 트라우마를 경험한 나이가 이를수록 인지적 결함이 유발되고, 그것의 영향력 또한 커진다. 그러나 트라우마가 있다고 해서 좌절하거나 이를 그릇된 품행의 구실로 삼아서는 안 된다.

로자에게 적용되는 원칙은 모든 사람에게 적용된다. 정신적 건강을 위해서는 모든 감정을 수용하는 것이 중요하다. 많은 아이들이 부모로 인해 일찍부터 자신의 감정과 느낌을 부정하는 법을 '학습'한다. 예컨대, "호들갑떨지 마!", "에이, 그게 뭐가 아프다고 그러니?" 등의 말을 통해서다. 이런 말은 아이를 병들게 만든다. 그렇다면 로자가 언짢은 태도를 취하는 것은 괜찮은가? 물론이다. 세례식 동영상을 보며 수 년 전의 일이 아직도 서러운 마음이 드는 것은 문제되지 않는다. 아마도 로자는 친밀함과 애정에 대한 욕구를 느끼는 것뿐이리라. 그러나 이를 충족시키기 위해 그가 사용한 수법은 바람직하지 못하다. 성인은 자기 욕구 충족에 스스로 책임을 지며, 이를 위해 건설적인 전략을 모색할 줄 알아야 한다. 로자도 예외는 아니다.

말하자면 욕구와 감정이 들어설 여지를 어떻게 부

> 성인은 자기 욕구 충족에 스스로 책임을 지며, 이를 위해 건설적인 전략을 모색할 줄 알아야 한다.

여할 것인지가 관건이다. 당신은 성인답게 이에 대처하는가, 아니면 다른 누군가를 비난하는가? 그런 감정을 인지하고 느낀 뒤에 배우자에게 좀 더 가까이 다가가 위로를 구하는 것은 어떨까(로자에게도 이 방법이 유용했을지 모른다)? 혹은 불편한 내 심기를 남들이 다 알 수 있도록 표현하고 약간의 '애정'을 얻기 위해 모두에게 부담을 주는 불건전한 방식을 사용해야 하는가?

앞의 사례에서 안드레아스가 보인 애정을 참된 사랑의 표현으로 보기에는 무리가 있다. 이런 행동의 다수는 그릇된 의무감에서 비롯된다. 다미 샤프는 이렇게 말한다. "세상에는 그저 누군가의 부담을 짊어져 주는 것으로만 맺어진 연결고리도 있다. 이것은 사랑의 연결고리가 아니다! 이는 상대방과 나를 맺고 있는 유일한 고리로, 이를 놓아버릴 경우 그 사람도 잃게 된다! 쓰디쓴 고통이 아닐 수 없다."

로자가 자신의 트라우마를 잘 이해하고 그것이 초래한 결과를 인정하며 그에 대응하는 새로운 방법을 찾아낸다면 가족들 모두에게 더 할 나위 없이 좋은 일이 될 것이다. 개인사를 구실로 주변의 동정이나 주의를 끌기 위해 애쓰기보다는 자신의 행동이 사랑하는 이들에게 부정적인 영향을 미쳐 왔음을 깨달아야 한다. 헤르베르트 또한 일을 무마시키려는 시도가 효과를 내기는커녕 상황을 악화시킨다는 사실을 깨달을 필요가 있다.

앞의 상황을 다시 한 번 상기하며, 로자가 자신의 과거를 성찰하고 건전하지 못한 행동방식을 자각하는 과정을 거쳤더라면 그 상황에서 어떤 반응을 보였을지 추측해 보자.

로자가 한숨을 쉰다.

안드레아스: 엄마, 왜 그러세요?

로자: 기도문 낭독하는 장면을 보면 아직도 아쉬운 마음이 드는구나.

헤르베르트: 로자, 그렇게 까다롭게 굴지 말아요!

로자: 그래도 너무 힘들어요. 나 자신에게 화가 난다고요!

안드레아스: 아직도 그 일을 담아두고 계신 거예요?

로자가 심호흡을 한다.

"그만하고 동영상이나 보자꾸나! 과거가 좋은 이유는 이미 지나간 일이기 때문이지. 그러니 내 말 듣고 어서 동영상을 틀어. 안 그러면 당장 기도문을 써서 너희 앞에서 낭독할 줄 알아!"

카타리나가 대답한다.

"아유, 우리 어머니는 정말 그러고도 남을 분이라니까! 제발 그것만은 참아 주세요!"

이렇게 화기애애하게 마무리된다면 얼마나 좋겠는가. 그러나 언제나 이런 훈훈한 마무리를 기대할 수 있는 것은 아니며, 개선을 위해 타인들이 변하기를 기대해서도 안 된다. 의식적인 태도를 갖추기 위한 첫걸음은 자기 스스로, 즉 나를 위한 마음으로만 내디딜 수 있다.

마인드 매핑Mind Mapping:
내가 그린 당신의 지도

당신과 친밀한 관계를 맺고 있는 사람들은 당신을 그린 지도를 가지고 있다. 그들은 당신에 관해 잘 알고 있고, 당신을 '읽어낼' 수 있으며, 당신이 특정한 자극에 어떻게 반응할 것인지도 예측할 수 있다. 아이들은 부모를 보여주는 정확한 지도를 갖추고 있는데, 이는 일종의 생존 수단이다. 아이들은 부모의 전략과 약점, 표본까지 파악하고 있다.

마인드 매핑 —————————

데이비드 슈나크는 마인드 매핑에 관해 이렇게 서술한다. "마인드 매핑이란 우리의 뇌에 잠재되어 있는 타인의 '마인드'에 관한 정신적 지도를 그려내는 능력을 일컫는다. 이것은 우선적으로 타인의 행동과 의도를 예측하는 기능을 한다."

예컨대 아이들은 뭔가를 쟁취하기 위한 '투쟁'에서 좌절감을 느낄 때 이것을 활용한다. 아이는 아마 당신이 최근 바빴던 데 대해 아이에게 미안하다는 생각을 하고 있다는 것을 알 것이다. 아이가 최근 몇 주 동안 당신이 집에 있는 시간이 적었음을 지적하면 당신은 아이의 청을 거절하려다가도 결국 들어주는 쪽으로 마음이 바뀔 것이다.

내 아들이 언젠가 갖고 싶은 것을 얻어낼 요량으로 내게 이렇게 말한 적이 있다. "그런데 엄마, 엄마는 거의 집에 있어 주지 않잖아요!"

나 역시 아이의 지도를 가지고 있으므로 나는 아이가 그 일로 크게 힘들어하지 않았다는 사실을 알고 있었다. 아이는 엄마가 이 문제로 동동거리고 있음을 눈치 채고 그렇게 말한 것이었다. 내 약점을 간파하고 있던 것이다.

아들이 내 지도를 갖고 있듯이 어린 시절의 내게도 아버지의 지도가 있었다. 덕분에 나는 아버지를 살살 꾀어낼 수 있었다. 아버지는 자신의 어린 시절 가족에게서 자기 스스로를 돌보는 법을 배우지 못한 분이셨다. 열일곱 살 되던 해, 나는 아버지에게 "흥! 아빠는 아빠 혼자만 잘살면 그만이죠!"라는 말로 '원하던' 것을 얻어냈다. 어떤 접촉이나 마찰, 논쟁다운 논쟁도 필요 없었다. 그러나 아이들은 쉽게 조종당하는 부모를 원치 않는다. 부모를 조종하는 이가 누구인지는 중요치 않다. 아이들은 길잡이가 되어 줄 부모, 논쟁을 통해 함께 성장해 나가는 부모를 원한다.

아이들은 부모의 약점을 잘 아는 만큼 그때그때 부모의 상태도 어림할 수 있다. 당신이 자기감정을 입 밖에 내지 않거나 부정해도 소용없다. 아이는 당신이 받는 스트레스도 느낀다. 슬픔도 마찬가지다. 당신이 잘 지내고 있어도 그렇다. 다시 말해 당신의 안위는 아이에게도 영향을 준다. 당신에게 자기감정을 살필 여유가 없을 때도 아이는 당신의 '마인드'를 들여다봄으로써 감정적으로 당신을 받쳐 준다. 이때 당신은 자기 안위에 대한 책임을 아이에게 전가하고 있는 셈이다. 의식적으로 그러는 것이든 아니든 어떤 아이도 이런 짐을 짊어져서는 안 된다.

사례: 마리와 카타리나

카타리나의 기분이 좋지 않다는 것을 감지한 마리는 몇 주 전부터 계속 엄마에게 다가가 얼굴을 들여다보며 "우리 엄마가 세상에서 최고야!"라고 말한다. 카타리나도 처음에는 이 말을 두 사람이 함께 겪은 상황과 연관 지어 받아들였다. 그러나 이제 슬슬 그 말이 거북하게 들린다. 단순히 잠자리에 들기 전 습관처럼 하는 인사라든가 무심한 감정 표현 이상의 의미가 있는 말이었다. 마리가 이 말을 하는 횟수는 지나치다고 해야 할 만큼 잦다.

마리의 말을 어떤 맥락에서 파악해야 하는지 고민하고 다양한 가설을 세워보려고 한다. 마리의 출생은 어땠는가? 유치원에서는 어떻게 지내는가? 남동생의 출생을 어떻게 극복했는가? 이 모든 것들이 중요할 수 있다. 하지만 여기서는 명백한 상황에만 집중하기로 하자.

마리가 날마다 이런 말을 하는 데는 이유가 있다. 먼저 카타리나와 마리의 상호 작용을 다양한 관점에서 살펴보자.

마리가 카타리나의 무릎에 올라가 엄마의 두 눈을 들여다보며 손으로 얼굴을 감싸고 "우리 엄마가 세상에서 최고야!"라고 말할 때 카타리나는 마리의 마음에서 무엇을 읽는가? 마리는 무슨 의도로 그런 말을 하는 것일까? 아이의 칭찬에 엄마는 어떤 기분이 들어야 할까? 마리는 어째서 엄마가 최고임을 반복하는 걸까? 카타리나가 무시당했다고 느끼고 혼자만의 생각에 빠져 있을 때 마리는 그에게서 무엇을 읽었을까? 그 생각이 시어머니에 관한 것이었으며, 내면에 도사리고 있던 온갖 분노가 이에 가세했다면? 마리는 또한 엄마와 다투고 할머니 집으로 식사를 하러 가는 아빠를 보며 무슨 생각을 했을까? 마리는 카타리나 스스로도 인정하려 들지 않을 무언가를 엄마의 '지도'에서 읽어냈을까?

마리가 카타리나에게 감정적 '도핑'을 제공하기 위해 날마다 그런 행동을 하는 것은 아닐까? 이 물음에 그렇다고 대답할 만한 정황은 충분히 발견된다. '좋은' 날에도 어김없이 이 말을 한다는 점도 그중 하나다. 이렇듯 아이가 엄마를 지지하고 도와야 한다고 느끼는 이유는 무엇일까? 카타리나가 이를 보며 점차 뭔가 '잘못됐다'고 느끼는 것도 무리는 아니다. 이유가 무엇이든 간에 아이가 날마다 엄마를 북돋워 줘야 할 필요성을 느낀다는 뜻인데, 카타리나는 이런 환경에서 아이를 키우고 싶지 않은 것이다. 이 어린아이가 끊임없이 엄마와 똑같은 감정을 느끼는 일은 불필요하다.

카타리나는 마리의 행동이 자신의 감정적 문제와 관계있다는 결론을 내리기까지 온갖 가능성을 두고 고민에 빠진다. 이 사례는 뇌가 명백하면서도 거북한 진실을 보지 않으려 한다는 것을 잘 보여준다. 그런다고 해서 진실이 바뀌지는 않는다. 참고로 이 이야기는 예스퍼 율이 말한 아이의 협조를 설명해 주는 또 하나의 훌륭한 사례이기도 하다. 이를 한 번 더 언급하는 이유는 아이와의 삶에서 협조가 필수불가결한 요소라고 생각하기 때문이다. 이런 유의 협조는 부모의 성찰이 결핍된 영역에 대한 아이의 '검증된 피드백'이라는 의미가 있다. 물론 뭔가를 직시하는 일은 행동할 필요성을 일깨워준다는 점에서 매우 거부감이 들 수도 있다. 그러나 이것은 아이를 비롯한 모두의 안녕을 위한 행동이 된다.

가족이라는 시스템의 유지를 위해

아이들과 마찬가지로 성인도 주변 사람들에 관한 지도를 가지고 있다. 상대방이 어린아이든 어른이든 마찬가지다.

다음에 소개할 사례에서 로자와 아들 사이에 벌어지는 대화를 곱씹어본 뒤 그로부터 대화의 내용이 아닌 하나의 과정을 유추해 보라. 안드레아스는 로자에게서 무엇을 읽고 있으며, 로자는 어떤 의도를 품고 있는가? 로자는 카타리나에 관해 어떤 말을 하며, 이것이 안드레아스를 어떤 상황으로 몰고 가는가?

카타리나는 아주 어릴 때부터 착하고 순종적인 아이였다. 이런 성향은 유년기 초반에 형성되어 지금까지 유지되어 왔다. 딸 마리와 할머니 로자의 상호 관계 때문에 수많은 고통을 겪었음에도 이 성향에는 변화가 없었다. 그러나 늘 조용히 참기만 하다 보면 나중에 결국 큰 소리가 나고 만다. 문제는 이것이 아이를 향한다는 점이다.

최근 카타리나는 마리가 할머니와 시간을 보내고 난 뒤 분노를 표출하거나 공격적으로 행동하는 일이 부쩍 잦아졌음을 감지했다. 그 후에는 뾰루퉁한 채 할머니가 예쁘게 땋아준 머리칼을 마구 풀어헤쳤다. 그러나 혼자서는 땋은 머리를 쉽게 풀 수 없었고, 이에 성이 난 마리는 소리를 지르고 남동생 막스를 때리며 분풀이를 했다. 마리의 행동에 어떻게 대처해야 할지 모르는 카타리나와 안드레아스는 딸아이의 행동에 엄청난 스트레스를 받았다.

유튜브 채널 '미니 앤드 미'에는 가족 간의 분노와 갈등, 공격성에 대처하는 방법이 소개되어 있다. 그러나 안드레아스는 이런 것을 참고하기는커녕 어머니 로자에게까지 이 이야기를 전했다. 로자는 머리를 절레절레 흔들며 이렇게 대꾸했다. "아이고, 우리 착한 마리가 그럴 리가 없는데. 나와 함께 있을 때는 한 번도 그런 적이 없어! 그게 어디에서 왔겠니? 장담하는데 카타리나가 애를 너무 대충 키워서 그런 거야! 육아를 하는 건지, 친구를 사귀는 건지. 도대체 아이를 데리고 뭘 하는 건지 모르겠다. 늦기 전에 네가 얼른 나서서 어떻게 해야 해! 마리를 저대로 두면 안 돼!"

안드레아스는 거북한 기분과 동시에 죄책감이 밀려왔다. 걱정이 된 그가 재차 물었다. "정말 그럴까?"

로자가 대꾸했다. "그렇고말고! 네 안사람은 온종일 침대에 누워서 아무것도 안 하는 아기들에 관해서나 잘 알겠지. 수십 년 동안 자식을 키운 나와 비교가 되겠냐? 네가 이렇게 잘 큰 걸 보면 알잖니!"

로자와 안드레아스의 대화를 다시 한 번 곱씹어보며 대화가 흐르는 과정에 집중하라. 안드레아스는 어머니의 의견에 동의하고 있다. 왜일까? 상황이 어떻게 전개될지 예상이 되는가?

사례: 로자와 마리, 세 번째 이야기

안드레아스는 자리를 뜬다. 머릿속에 오만 가지 생각이 맴돈다. 카타리나는 아이를 잘 키우기 위해 심혈을 기울이고 애정을 듬뿍 쏟아왔다. 게다가 지금까지 엄청난 인내심을 발휘해왔다. 이 점에서는 카타리나가 존경스러울 정도다. 그런데 최근에는 아내가 고함을 치는 일이 잦아졌고, 마리마저 떼를 부린다. 그러고 보면 로자의 말도 일리가 있어 보인다. 확신이 서지 않는 안드레아스는 혼란스럽다.

집으로 돌아간 그는 카타리나에게 마리를 좀 더 엄하게 키우라고 충고한다. "아이가 어떻게 하는지 보라고! 제 할머니에게 가서는 절대 저러지 않는다잖아."

그날 밤, 카타리나는 안드레아스와 함께 잠자리에 들지 않는다. 이런 상황은 이후 여러 날, 여러 주 동안 이어진다. 어느 날 아침 커피를 마시던 카타리나는 냉장고 앞에 서서 버터를 찾고 있는 안드레아스를 빤히 바라본다. 그리고 그가 돌아보자 단호한 투로 말한다. "결정해! 당신 어머니야, 나야?"

안드레아스는 결심을 내린다. 그가 비로소 어른이 되는 순간이었다.

두 사람이 처음 만난 이래로 그는 카타리나가 그토록 결연한 투로 말하는 것을 본 적이 없다. 자신도 이제 부모에 대한 의리와 중재자 역할에서 벗어나 확실한 입장을 취해야 하는 것이다. 가족의 안위를 위해서도 그래야만 한다. 쉽게 해결될 문제가 아니라는 걸 그도 알고 있다. 그리고 이를 위해 어떤 대가라도 치를 준비가 되어 있다.

카타리나와 안드레아스는 친구들과 코치에게 조언을 구한다. 이는 당면한 상황이라는 '안무'를 이해하는 데 도움이 되며, 이로써 두 사람은 자신만의 춤을 출 수 있게 된다. 안드레아스가 해야 할 일은 부모와 대등하게 마주서서 자신만의 춤과 음악에 집중하는 일이다. 바야흐로 새로운 삶을 시작할 때다!

이 책에서는 이 과정을 단순하고 간결하게 설명했다. 당신이 이와 유사한 상황을 겪고 있다면 전문가의 도움을 받을 것을 권한다.

사례: 안드레아스의 '의지'의 재발견

안드레아스가 자신과 아내, 아이들에게 놀라움을 선사할 기회는 생각보다 빨리 찾아왔다. 로자가 일요일에 함께 식사하기 위해 이들을 초대한 것이다. 안드레아스는 태어나서 처음으로 이를 거절했다. 아내와 아이들하고만 시간을 보내고 싶어서였다. 이런 결정을 내린 것은 처음이었다. 지금껏 그가 원하던 것은 어머니의 강한 의지에 가려져 있었다. 자신을 향해 새로이 품게 된 애정과 자아 탐구, '의지'의 재발견은 그의 내면에 삶을 향한 새로운 열정을 가져다주었다.

로자: 이번 일요일에 구운 감자 요리와 샐러드를 만들 거야. 후식으로는 사과파이를 준비할 거고. 열두 시에 점심을 먹으려 하니 늦지 말고 오거라!

안드레아스: 초대해 주셔서 고마워요. 하지만 이번 주일에는 거절할게요.

로자: 열두 시야!

안드레아스: 엄마, 가지 않는다고 말씀 드렸잖아요!

로자: 저런. 우리 아들, 진심으로 하는 소리는 아니겠지? 벌써 장까지 봐뒀는데 누가 이걸 다 먹는단 말이니? 바보 같은 소리 하지 마라! 다 너희 좋으라고 하는 거잖니. 내 정성을 이

렇게 무시하다니, 실망이구나.

안드레아스: 엄마, 화부터 내지 마세요. 저도 나쁜 뜻으로 그러는 게 아니잖아요! 한 번쯤은 저희끼리 시간을 보내고 싶어요. 그럴 기회가 거의 없었어요.

로자: (울먹이며) 너 오늘 정말 이상하구나! 우리가 함께할 날이 얼마나 남았다고 이러니? 내가 얼마나 오래 살 것 같니? 언젠가는 이 엄마가 살아 있는 동안 더 많은 시간을 함께 보내지 못한 걸 후회하게 될 거야. 잘 생각해 봐라. 넌 똑똑한 내 아들이니까!

안드레아스: 엄마, 제발 그만하세요. 한 집에 살면서 왜 그러세요. 온종일 보는데 얼마나 더 봐야 하는 거죠? 식사는 다음에 같이 해요. 내 인생에 변화를 조금 주고 싶어요. 카타리나와도 관계를 회복하고 싶고요.

로자: 그래, 그래, 됐다. 그럼 즐거운 하루 보내렴. 난 네 아빠와 알아서 할 테니. 그렇죠, 헤르베르트?

헤르베르트: 뭐라고? 저 녀석 또 뭐라는 거요? 안드레아스, 엄마에게 왜 그리 못되게 구는 게냐? 엄마가 얼마나 상심할지 몰라서 그래?

로자: (눈물을 훔치며) 아니에요. 그만 해요, 헤르베르트! 난 괜찮으니까.

안드레아스: 앞으로는 제 진심을 솔직히 말씀드릴게요. 제가 드릴 말씀은 다 끝났으니 그만 가 볼게요.

모두가 이 상황을 받아들이기까지는 시간이 걸릴 것이다. 안드레아스는 쓸쓸하지만 한편으론 홀가분한 기분이 들었다. '어떻게' 이를 수행했느냐를 두고 볼 때 아주 만족스럽지는 않지만 몇 가지 깨달은 바는 있었다.

- 안드레아스는 주말에 함께 식사하지 않을 것임을 부모님께 조금 더 일찍 알리지 않은 스스로를 탓했다. 그랬더라면 로자가 불필요하게 장을 보는 일은 없었을 것이다.
- 동시에 지금껏 자신의 순종이 부모에게 당연시되어 왔음을 깨달았다. 식사에 초대할 때도 그의 일정이나 의사를 묻는 게 아니라 "너희도 와라!"라고 통보하거나 명령하는 식이었다. 나아가 그는 불과 얼마 전까지만 해도 자신이 이를 얼마나 당연하게 받아들이고 있었는지 깨달았다.
- 자신을 둘러싼 로자의 교묘한 게임이 비로소 의식되었다. 로자는 아들이 양심의 가책과 죄책감을 느끼도록 조종해 왔다. 그리고 효과가 드러나면 한층 속도를 높이기 위해 남편을 지원군으로 끌어들였다. 헤르베르트는 모든 것이 이대로 유지되기를 바랐기 때문에 뭔가 다른 것, 새로운 것을 바라거나 실행함으로써 어머니를 동요시키지 말라고 주지시켰다. 그러면 로자는 상냥한 엄마로 보이기 위해 별안간 안드레아스의 편을 들어 주는 척했다.
- 앞으로 그는 자신의 결심을 정당화하고 설명하는 데 노력을 기울이려고 한다. 아이들과 카타리나에게도 마찬가지다.

스파게티 뇌

부모와의 대화 중에 안드레아스는 몇 번이나 '스파게티 뇌'와 싸운 셈이다. 이 개념은 데이비드 슈나크에 의해 고안되었다. 친밀한 사람들이 우리의 뿌리 깊은 도덕심에 반하는 것처럼 보이는 무언가를 할 때, 다시 말해 부정적인 의미로 우리를 깜짝 놀라게 만드는 의외의 말이나 행동을 할 때 우리 뇌는 '스파게티 뇌'가 된다. 이때 우리는 '뭔가 이상하다. 나는 상처 받았다. 그러나 저 사람은 나를 사랑하지 않는가? 그가 나쁜 의도로 그런 행동을 했을 리가 없다'라고 생각할 수 있다. 그리고 상대방이 촉발시킨 감정을 애써 부정하며 자신이 그의 의도를 잘못 해석한 것뿐이라고 믿으려 한다.

지금껏 안드레아스는 의식적으로 자신의 의지를 감춰 왔다. 그렇게 하지 않을 경우 어머니가 어떤 반응을 보일지 잘 알고 있기 때문이다. 어머니는 이를 그대로 내버려둘 사람도, 그의 존재와 관념을 인정해 줄 사람도 아니다. 아마 그의 의지를 서슴없이 꺾으려 할 것이다. 이때 그의 뇌는 스파게티 뇌가 된다. 로자는 원하는 것을 얻기 위해 모든 수단을 동원하며, 그 대가로 아들이 희생당해도 개의치 않는다. 슈나크는 부모처럼 중요한 사람들에게서 이런 모습을 목격하는 순간 뇌가 '붕괴되어' 명확한 사고가 불가능해진다고 설명한다.

사례: 안드레아스의 이후 행보

안드레아스는 앞서 열거한 깨달음과 자신에게 아직 행동의 여지가 남아 있다는 자각을 발판 삼아 꾸준히 앞으로 나아간다. 이 결과 카타리나는 비로소 진정한 성인이 된 남편을 얻는다. 가족의 일부가 되려고 하는 진실되고 진지한 대화 상대가 생긴 것이다. 이제 카타리나가 안전지대에서 벗어날 차례다. 지금까지 그는 모든 것을 혼자 하는 데 익숙해져 있었다. 가족의 일에 대한 책임과 통제, 그리고 그와 관련된 일을 안드레아스에게 맡기거나 그와 공동으로 수행하는 것이 그동안은 쉽지 않았다.

이렇게 두 사람은 새로운 첫걸음을 내딛으며 상대방과 눈높이를 맞춘 관계 맺기를 배우고 실천하게 되었다.

얼마 안 가 마리에게서 변화가 감지되었다. 들끓던 분노는 차차 가라앉았다. 이전까지는 엄마와 할머니가 마주앉아 서로에게 증오의 눈빛을 보낼 때면 두 사람 사이에서 어쩔 줄 몰라 했다. 모두들 자기 자리를 지키지 않고 끊임없이 서로의 경계선을 침범하는 통에 아이가 고통 받고 있었던 것이다. 마리는 그저 모두를 사랑하고 싶었을 뿐이다.

앞에서도 말했듯이 가족은 하나의 시스템이다. 한 부분에 변화가 생기면 다른 부분에도 영향이 갈 수밖에 없다. 모든 구성원들은 앞으로도 내적 외적인 대화를 경험하게 될 것이다. 그 종착역이 어디인지는 아무도 모른다. 카타리나와 안드레아스는 이전까지 맺고 있던 관계는 물론 안드레아스의 부모와 맺고 있던 관계에서 벗어났다. 새로운 춤은 아직 탄생하지 않았지만 두 사람 모두 더 이상 옛날의 춤을 추고 싶어 하지는 않는다. 함께 가는 길이 평탄하지만은 않겠지만 이들에게는 성장하고자 하는 의지가 있다.

새로운 춤을 추려면 새로운 안무를 소화해야 한다. 부모로부터 벗어나기란 당신만의 춤, 당신만의 리듬, 당신만의 스텝과 템포를 찾는 것을 의미한다. 다음에 제안하는 요소들을 바탕으로 자신만의 안무를 짜 보자.

  - 가족을 지배하는 힘과 춤을 되돌아보며 이러한 성찰이 고통스럽고 불편할 수도 있음을 각오하라.

  - '마인드 매핑'을 익히고 친밀한 사람들을 파악하라.

  - 주변의 도움을 구하는 것도 고려해 보라.

  - 배우자와 자녀, 혹은 친구들이 인지한 부모의 모습을 신뢰할 수 있는가? 그렇다면 그들의 눈으로 부모를 바라보라. 그들이 어떤 의도로 특정한 행동을 하는지 관찰하고 그로부터 표본을 추출하라. 자동 반응을 하는 당신의 모습도 관찰하라.

  - 내면의 대화를 글로 써 보라. 그렇게 함으로써 감춰져 있던 부분을 찾아내고 당신의 행동 표본은 물론 상처 주는 사람의 전략도 파악할 수 있다. 이런 작업과 준비 없이는 그들과 새로운 대화를 시작하는 일이 무의미하다. 다시 말해 새로운 시나리오를 쓰고, 해묵은 신호에 반응하는 대신 진실된 대답이 무엇인지 고민해야 한다. 이때도 은폐된 요소들을 찾아내기 위해 누군가의 도움을 받는 것이 좋다.

  - 익숙해진 행동방식과 자동 반응에서 벗어나라. 비극적인

드라마를 연출하는 습관도 버려라. 주변 사람을 붙잡고 자신의 부모에 관해 하소연하는 일이 잦은가? 그래서 변한 것이 있는가? 누군가 신세 한탄을 들어주면 부모와의 나쁜 관계가 계속될 뿐이다.

당신만의 리듬을 찾고 에너지 균형을 맞추려면

부모로부터 벗어나는 데는 무엇이 필요한가? 사례에서 안드레아스는 이 과정을 어떻게 시작했는가? 데이비드 슈나크는 이에 대해 이렇게 말한다.

"뭔가 좋은 것, 당신의 평소 모습과 전혀 맞지 않는 새로운 것을 해보라. 타인이 가지고 있는 당신의 지도에 오류가 발생하면 당신은 주목받을 것이며, 그들은 당신에 관해 새로운 지도를 그리기 시작할 것이다. 이를 꾸준히 실천할 경우 그들이 가진 당신의 지도와 그들이 당신과 상호작용하는 방식에도 변화가 생긴다."

그렇다고 해서 당신의 부모가 자동으로 긍정적인 발전을 이루는 것은 아니다. 그들과 관계를 맺는 새로운 방식이 오히려 그들의 행동을 강화시킬 가능성도 있다. 이런 상황에서는 그런 행동에 계속해서 노출되는 일이 과연 의미 있는지 고민해 봐야 한다.

부모에게서 벗어남으로써 명확한 입지를 다지는 길은 자기 자신으로부터 시작된다. 다음에 나오는 마음의 주문들이 이때 도움이 될 것이다.

- '나는 내 주변 사람들과 동등한 삶을 누린다.'
- '나는 내 주변 사람들을 존중한다.'
- '나는 내 행동에 책임을 진다.'
- '나는 내 주변 성인들의 행동에 책임을 지지 않는다.'
- '나는 내 주변 성인들의 욕구 충족에 책임을 지지 않는다.'
- '나는 불편한 진실도 받아들인다.'
- '나는 당신을 있는 그대로 받아들인다.'
- '나는 당신을 변화시키려고 하지 않는다.'
- '내게는 있는 그대로의 나 자신을 드러낼 용기가 있다.'
- '내게는 스스로를 변화시킬 용기가 있다.'
- '나는 나의 자아와 의지에 맞게 행동한다.'
- '나는 내게 해가 되는 사람들을 멀리한다.'
- '나는 내 안위에 책임을 진다.'
- '나는 나만의 길을 갈 것이다.'

우리 주변에는 그야말로 '에너지 흡혈귀'라 부를 만한 사람들이 있다. 안드레아스의 경우 어머니가 그러하며, 직장 동료나 친구가 그런 사람일 수도 있다. 어떤 관계인가를 막론하고 이런 사람들에게서는 부정적 에너지가 발산된다. 당신도 특정한 사람과 만남을 가진 뒤에 기진맥진했던 경험이 있을 것이다. 아이를 돌보는 일이 유난히 힘들었던 날에도 이런 느낌이 들 수 있다. 가족이 저마다 컨디션이 좋지 않아 여러 차례 갈등을 빚는 날도 그렇다.

무언가가 당신에게서 에너지를 앗아가거나 스트레스를 주거나 마음을 동요시킬 때는 '에너지 균형'을 되찾기 위해 다음과 같은 시각화 훈련을 해 보라. 마음을 가다듬는 데 도움이 될 것이다.

훈련법: 에너지 균형을 위한 시각화

- 방해받지 않는 조용한 장소를 찾아 바른 자세로 앉아라. 너무 꼿꼿한 자세를 취하지 않아도 된다. 눈을 감고 긴장을 푼 뒤 의식적으로 숨을 들이마시고 내쉬어라. 호흡에 주목하며 자연스럽게 숨이 들어오고 나가는 것을 느껴라.
- 이제 커다란 빛이 당신을 부드럽게 감싼다고 상상하라.
- 준비를 마쳤다면 당신의 기력을 소진시키는 사람이나 상황을 머릿속으로 시각화한 뒤 주문을 외워라. '내 에너지는 내게로 오고, 당신의 에너지는 당신에게 가리라.'
- 기분이 좋아질 때까지 이를 반복하라.
- 호흡이 주문과 조화를 이루도록 자신의 에너지를 끌어모을 때는 들숨을, 타인의 에너지를 내보낼 때는 날숨을 쉬어라. 이것이 어색하게 느껴지거나, 염두에 두고 있던 사람이나 사

물에 관한 상과 동떨어진 느낌이 들 수 있지만 신경 쓰지 말

고 호흡하라.

- 주문을 외우며 그에 어울리는 손동작을 취함으로써 타인의

에너지를 '밀어내는' 것도 좋다.

- 머릿속으로만 주문을 외워도 상관없지만 소리 내어 말하는

것이 좋다. 처음에는 어색하게 느껴질 것이다. 다양한 방법

으로 시험해 본 뒤 그것이 어떤 느낌을 주는지 관찰하라.

의식적으로 살아가다 보면 스스로 현실을 만들어 나가고 있음을 깨

닫게 된다. 삶의 조건 중 우리의 영향력이 미치는 곳은 일부에 불과하

지만 그에 어떻게 대처하느냐는 언제든 스스로 결정할 수 있다.

부모에게서 벗어나는 일의 목적은 스스로를 자랑스럽게 여길 수 있

는 나름의 방식을 찾는 것이다. 이것이 자기존중감과 자기애의 출발

이며, 이로써 당신은 타인의 사랑과 평가에 의존하지 않게 된다. 이를

통해 당신은 아무 조건 없이 자유롭게 사랑을 줄 수도 있고, 받을 수도

있게 될 것이다.

내면의 균형을 찾고 사랑 속에서 성장하라

낡은 틀에서 벗어나 자기 자신을 찾아가는 여정에서 당신에게 동반자가 되어 주려는 것이 이 책의 목적이다. 당신과 자녀가 느끼는 강한 감정을 탐색하고 그에 대처하는 방법이 무엇인지도 밝히고자 했다. 당신이 내면의 분노를 어떻게 느끼고 어떻게 대처하는지도 살펴보았으며, 당신의 짐을 가시화하고 이를 덜어내는 데 필요한 자원도 모색해 보았다.

우리가 이따금 사랑으로 착각하는 것들, 예를 들면 지나친 관심, 경계선 침범, 선의로 하는 행동이 진정한 사랑인지, 참된 사랑을 어떻게 느끼고 표현할 것인지도 고민했다. 이 책을 통해 '집으로 향하는' 당신의 길을 함께 걸어 주고 싶었다. 당신은 당신 자신과 연결되어 있으며,

'내 행동이 두려움에 의한 것인가, 사랑에서 비롯된 것인가?'라는 질문을 끊임없이 던짐으로써 방향을 찾을 수 있다.

장기간에 걸쳐 참된 변화를 이루기 위해서는 무엇이 현실이며 무엇을 변화시켜야 하는지 파악해야 한다. 의식적인 부모가 되고 싶다면 살면서 마주치는 일들에 맹목적이고 충동적으로 반응해서는 안 된다. 의식적으로 받아들였거나 '훈련을 통해' 습관화되었던 해묵은 행동 표본에서 벗어나 자기 자신의 의지를 발견해야 한다. 아이는 부모와 깊고 견고하며 명확한 연결고리를 맺어야 한다. 감정과 영혼이 풍요로운 지금이 괜찮다는 믿음을 품은 채 살아가기 위해서다. 아이들이 부모에게서 등을 돌리거나 반항한다는 것은 부모가 그들의 감정적 필요를 충족시켜 주지 않았거나 아이들 스스로 이를 할 수 있도록 모범을 보여주지 않았다는 의미다.

의식적으로 살아간다는 것은 자신의 무의식적인 행동방식이 아이들을 해칠 수 있음을 자각한다는 뜻이다. 익숙한 방식대로 행동하는 것은 쉽다. 그래서 그 결과가 좌절감을 가져올지라도 기존에 해 왔던 대로 행동한다. 그로부터 벗어나 명확한 행동방식을 새로이 갖춘다는 것은 어려운 일이다. 그럼에도 부모로서의 삶과 자신의 삶을 능동적으로, 자기 자신에게 적합하고 유익한 방식으로 꾸려나가야 한다.

진정한 자신을 찾고 나면 하나의 문이 열린다. 그 안에서 당신은 자신과 자녀를 끊임없이 새롭게 만나는데, 이는 당신을 크게 뒤흔들어 놓을 수 있다. 일종의 거래인 셈이다.

기존의 자기 자신과 그간 저질렀던 실수에 머물러서는 안 된다. 당시에는 그것이 옳은 행동이었다고 생각했을 테지만 이는 착각이다. 그러니 계속해서 탐색하라. 모험을 시작하라. 대담해져라. 성장의 과정과 사랑에 빠져라. 실수도 그중 일부다. 너그러운 마음으로 실수를 받아들이고, 그것을 통해 날마다 조금 더 성장하라.

당신은 있는 그대로도 괜찮은 사람이다. 스스로를 온전히 받아들이고 용서하는 연습을 하라. 에크하르트 톨레Eckhart Tolle는 "진정으로 용서하는 순간 당신은 이성이 쥐고 있던 힘을 다시금 탈환할 수 있다. (중략) 이성은 용서하지 못한다. 오로지 당신만이 용서할 수 있다"라고 말했다.

아이를 사랑하고 온전히 받아들이며 안전과 안온함을 주고 등대와 같은 길잡이가 되어 주는 것이 부모의 일이라면, 아이들은 오래 전에 잃어버렸던 무언가를 다시금 부모에게 가르쳐 준다. 삶의 온갖 굴곡을 생생하고 명료하게, 기쁘고 즉흥적으로 대면하게 되는 일이 바로 그것이다.

있는 그대로의 현실과 세상을 향해 발을 내딛어 보자. 이제부터는 그것이 어떠해야 한다고 여기며 현실을 왜곡해 버리지 않도록 노력하라. 열린 마음과 대담함으로 이를 온전히 받아들여라.

2018년 토마스 함스의 교육 수업에 참여했을 때, 그는 아기 인형을 이용해 성공적인 애착 형성에 관해 설명했다. '아기'를 조용히 품에 안은 채 그는 이렇게 말했다.

"성공적인 애착 관계는 지루하기 짝이 없습니다. 아무 일도 일어나지 않거든요. 그냥 보듬어 줄 뿐입니다. 이는 고요 속의 만남과 강렬함입니다."

자신과 맺는 연결고리, 자기애에도 같은 원칙이 적용된다. 한없이 고요한 마음으로 자신을 사랑하라. 독자 여러분의 개인적 여정에 조금이나마 함께할 수 있었음에 감사하는 마음이다.

_여러분의 재닌과 잔드라

재난: 세상의 수많은 목소리들 중 내 목소리는 무엇인가?

의식하기를 향한 나의 여정은 딸아이의 탄생과 함께 시작되었다. 아이가 태어나기 전에도 블로그 독자이자 작가로 활동했던 나는 엄마가 된 뒤 아이들에게 다정한 동반자가 되어주는 법을 다룬 블로그들을 찾게 되었다. 언제나 아이에게 맞춰줄 수는 없으며 시간을 정해 수유하기보다는 아기가 필요로 할 때 수유해야 한다는 원칙 등 중요한 사항을 기술한 글도 이때 읽었다. 그들의 설명은 다 맞는 것처럼 보였고, 덕분에 확신도 가질 수 있었다.

딸이 성장해 가면서 나는 아이가 나이만 어릴 뿐 독립적인 한 인간임을 깨달았다. 아이는 나름의 관념과 아이디어, 소망을 가지고 있었다. 이 작고 기적 같은 존재는 점점 더 분명히 나를 향해 "나는 엄마가 아니에요. 나는 아직 내가 누군지 잘 몰라요. 하지만 어쨌든 나는 엄마가 아니에요"라는 메시지를 전했다.

어쩌면 당연한 이야기라고 생각할지도 모른다. 지금도 그렇지만 당시 내게는 이것이 어마어마한 난관이었다. 아이의 '싫어'는 부모가 넘어야 할 커다란 산이다. 이는 누구에게나 마찬가지일 것이다. 아이들이 조금씩 세상을 탐색하기 시작하면 상냥한 태도를 유지하는 데 엄청난 인내심이 요구되는 상황이 많아진다. 당시 내 머릿속에서는 내가 어디선가 듣고 각인되어 있던 목소리들이 자꾸만 튀어나왔다. "일관성을 지켜야 해!", "여기서 양보하면 안 돼.", "지금 빈틈을 보이면 아이가 너를 쥐고 흔들게 될 거야!" 이런 외침이 끝없이 이어졌다.

그렇게 부모로 살아가며 품게 되는 수많은 두려움에 더해 새로운 두려움이 탄생했다. 딸아이에게 이것 또는 저것을 가르치지 않으면 육아에 실패할지도 모른다는 두려움이었다. 잘못하면 아이가 선량하고 행복한 사람으로 성장하지 못할 것 같았다. 이쯤 되자 선하고 올바른 사람이 되려면 아이는 어떻해야 하는가에 대한 관념의 실체가 드러났다. 내 아이가 잘되기를 바라는 마음은 누구나 똑같지 않은가?

그 결과 나는 점점 더 자주 아이에게 복종을 요구하게 되었다. '목적'을 달성하려면 아이에게 무엇 무엇이 필요할 것이라고 멋대로 생각했다. 그러나 처음부터 애착과 욕구에 초점을 맞춘 육아에 익숙해져 있던 딸아이는 내 요구에 저항하기 시작했다. 그럴 수밖에 없었다. 아이에게 애정 어린 동반자가 되어주고, 아이가 뭔가를 필요로 할 때 들어주고, 안전하게 세상으로 나아가도록 곁을 지켜주다가 상황이 조금 어려워졌다고 이 모든 원칙을 단박에 깨 버리는 것은 있어서는 안 되는 일이었다. 이럴 때 사람들은 첫째로 뭔가 잘못되었음을 감지한다. 둘째로는 아이들에게 나의 모습이 다시 한 번 분명히 투영된다. '옳음'과 '그름'에 대한 원초적 감각을 훨씬 더 민감하게 갖추고 있는 아이들은 옳지 않다고 느껴지는 것들을 거부한다. 이 얼마나 멋진가! 다만 이 것은 부모를 커다란 곤경으로 몰아넣을 수도 있다.

다행히도 나는 검색 끝에 육아와 관련된 '해묵은' 관념(처벌과 위협, 조작을 이용하는 방식)에서 벗어나 신뢰에 기반해 공존을 이야기하는 블로그들을 접하게 되었다. 그중 한 블로그에서 "육아는 폭력이다"라고 외치는 글을 발견하고 처음에는 고개를 절레절레 흔들었다. 그런데 읽다 보니 어느새 그 글에 빠져 있었다. 그 뒤에도 자주 블로그를 방문하여 더 많은 글을 읽은 끝에 마침내 그 의미를 파악했다.

이윽고 나는 눈높이를 맞춰 아이와 마주본다는 게 어떤 의미인지 이해하기 시작했다. 이 주제에 관해 집중적으로 연구를 시작하고 얼마 지나지 않아 잔드라를 알게 되면서 주변 사람들과의 동등한 관계 맺기가 어떤 양상을 보이는지 이해하게 되었다. 이런 여정을 거친 뒤에는 내가 생각하고 있던 바를 이미 실천하고 있음을 깨달았다. 말하자면 독학을 한 셈이다.

육아 방식은 삶 전체에 어마어마한 영향을 미친다. '완벽한 유년기'란 없을 테지만 이 시기에 필수적인 몇 가지 요소는 존재한다. 아이를 사랑하고 수용하는 일, 납득하기 힘든 아이의 바람을 진지하게 받아들이는 일이 그렇다. 나 역시 내 부모님이 그렇게 해 주신 덕에 나 자신과 하나가 되고, '나는 있는 그대로 괜찮다'라고 느끼며 성장할 수 있었다. 이는 누구나 누리지 못하는 특권이다. 덕분에 나는 이따금 찾아오는 난관을 극복하며 딸아이와 동등한 관계를 맺는 일에서 가장 큰 성장을 이룰 수 있었다.

확신하건대, 당신은 자녀들과 주변의 성인들을 대하는 태도를 즉각 변화시킬 수 있다. 바로 지금부터 시작하면 된다. 나는 이것이 당신의 결정에 달려 있다고 믿는다. 가장 사랑하는 사람은 물론이고 다른 사람들을 대하는 방식을 스스로 결정할 수 있다. 물론 당신이 언제든 그에 상응하는 사고와 행동을 할 수 있다는 의미는 아니다. 학습된 표본은 깊이 각인되어 있고, 과거의 기억은 현재까지도 살아 있으며, 당신이 살아온 사회는 큰 소리로 "원래 이렇게 하는 거야!", "다들 이렇게 해!"라고 외치고 있기 때문이다. 당신은 '사람이라면' 어떻게 행동해야 하며 '사람이라면' 무엇을 해야 하는지 학습해 왔다. 이제는 꽉 조여진 코르셋에서 해방되어 참된 자기 자신을 찾아야 한다. 더불어 당신이 진정 걷고자 하는 길에 머물러야 한다. 이 일이 어려운 첫 번째 이유는 부모가 다른 방식으로 성장한 경우가 많기 때문이며, 외부의 평가로부터 자유로워져야 한다는 것이 두 번째 이유다. 두려움에 쌓여 있고 어디로 이어져 있는지 모를 이 길을 함께 걸어줄 사람은 가까운 주변 사람들 중에서도 극소수에 불과하다.

한때 커다란 불확실성과 좌절감에 사로잡혀 있던 내게 어느 날 잔드라가 마음을 열라고 말했다. 고집을 꺾지 않는 딸아이로 인해 '그래도 내가 아이 곁에 있어 주는 것이 옳아!'와 '아이도 순종하는 법을 배워야 하는지 몰라. 그것 말고는 방법이 없어!'라는 생각 사이에서 흔들리며 여러 주를 보낸 뒤였다. 흔들리지 않고 나의 길을 가기 위해 이 고난의 시간이 필요했음을 나는 분명히 깨달았다. 서로를 어떻게 조우할 것인가에 대한 관념을 과거의 어느 때보다 소신 있게 실천할 수 있기 위해서였던 것이다.

잔드라: 그가 나를 불렀다

20대 초반부터 소망해 온, 자녀를 갖고 싶다는 내 바람은 큰아들 루카스의 탄생과 더불어 실현되었다. 1995년 당시에 찍은 동영상 중에는 내가 새로 꾸린 가족과 함께 보낸 첫 크리스마스 영상도 있는데, 이 장면을 보고 있노라면 내 두 눈을 의심하게 된다. 내가 크리스마스를 어떻게 보내고 싶은지, 내가 먹고 싶은 것이 무엇인지 고민하기는커녕 그때까지 해 온 그대로 따라하는 내 모습이 담겨 있기 때문이다. 다른 기념일에도 마찬가지였다. 사실 과거에 해 온 것을 따라하는 것은 매우 편리한 방법이었다.

내가 처음으로 혼란에 빠진 것은 18개월 된 루카스에게 첫 '반항기'가 왔을 때다. 마치 아이의 뇌 어딘가가 고장이 난 것 같았다. 도저히 해결될 기미가 보이지 않자 나는 그때까지 내가 알고 있던 유일한 해결책인, 아이에게 찬물 샤워를 시키는 방법을 썼다. 물론 효과는 없었고, 심한 양심의 가책만 들었다. 이것은 해결책이 될 수 없다! 시대에 뒤떨어진 육아법에 의문을 품은 나는 내 아이를 더 알아가기로 결심했다.

당시 나는 심리학을 공부해 보고 싶은 욕심이 있었다. 강조하건대, 내 관심사는 나 자신이 아니라 심리학이었다. 오랜 기간에 걸친 탐색이 번번이 실패로 돌아간 끝에, 1997년(당시 나는 교사로 일하고 있었다)에 마침내 상담사 전문 교육을 받기 시작했다. 그때 루카스는 두 돌을 앞두고 있었는데, 이 무렵에 나는 다시 한 번 혼란스러운 일을 겪었다. 임신 10주에 유산이 된 것이다. 향후 계획까지 모두 세워두었던 터라 정말 묘한 느낌이 들었다. 그리고 그 뒤 수업에서 슈테판을 만나면서 그때까지의 내 모든 계획은 백짓장이 되어 버렸다. 그는 기혼이었고, 나 역시 당시의 배우자와 둘째를 계획하던 중이었음에도 슈테판과 나는 몇 달 되지 않아 각자의 배우자와 헤어졌다. 그로써 내 인생에 '패치워크 가족'이라는 개념이 등장했다.

슈테판과 나의 딸 프란치스카는 2002년 어느 날 한 시간 반의 진통 끝에 5,260그램의 우량아로 태어났다. 딸이 태어나면서 나는 모든 것을 처음부터 다시 배워야 했다. 첫아이에게 '먹혔던' 방법들 중 다수가 먹히지 않았기 때문이다. 딸아이가 감정 폭발을 일으키는 동안 내 안에 들끓던 절망감과 무력감이 아직도 생생히 기억난다. 주변의 도움을 구해 보았지만 허사였다. 그때 나는 한 가지 결심을 했다. '항상 애정을 품고 너를 대해줄게. 그게 내가 할 수 있는 마지막이야!' 나는 고집스레 내 결심을 실천해 나갔고, 마침내 성공했다. 지금까지 알지 못했던 내 새로운 면도 발견했다. 있는 그대로의 나를 받아들일 수 있는 애정 어린 자아가 그것이었다.

외동딸로 자란 나는 같은 부모에게서 태어난 두 아이를 키우면 어떨지 궁금했다. '완전한' 형제란 무엇일까? 그렇게 해서 2004년 나의 세 번째 아이인 로렌츠가 태어났다. 그리고 사흘 뒤 슈테판은 직장을 잃었다. 재난과도 같은 상황이었다. 뭔가 대책을 세워야 했다. 심리치료사를 찾아가 개인 상담과 부부 상담을 받은 나는 부부와 가족 분야를 계속해서 공부하고 관련된 일에 종사하겠다는 갈망을 품게 되었다. 그렇게 예스퍼 율을 만났고, 그의 가르침을 받으며 새로운 세계로 들어섰다. '육아 경쟁력'이라는 단어도 내 어휘 사전에 추가되었다. 세계상은 물론 자녀들과 가족을 보는 시각에도 변화가 찾아왔다. 그밖에도 케이티 바이런은 나와 나의 힘과 관련된 부분에서, 데이비드 슈나크는 부부로서의 삶과 내 유년기 부모의 역할, 성인으로서의 나의 입지와 관련된 부분에서 전환점을 맞게 해 주었다.

　내게 엄마 또는 아빠가 된다는 것은 끊임없이 스스로에게 실망하고 현실과 맞닥뜨리게 해 주는 일을 의미하기도 한다. 엄마로서 모든 일을 생각했던 대로 훌륭히 수행할 수 없음을 깨달았을 때는 이루 말할 수 없는 실망감이 밀려왔다. 아들과 함께하는 자동차 놀이가 견딜 수 없이 지루하다고 느낀 순간에는 패배감마저 밀려왔다. 두 아이를 더 낳고서야 비로소 엄마로서 나 자신과 주변 사람들이 기대하는 대로 행동하지 않게 되었다. 그리고 내가 내킬 때만 아이들과 놀아주는 일을 스스로에게 허락할 수 있었다. 물론 그런 경우는 극히 드물었지만 말이다.

　이에 관해 아이들의 생각도 들어보고 싶은 마음이다. 엄마에게서 천의 얼굴을 보고 경험한 아이들은 엄마에 관해 가장 생생히 증언할 수 있을 것이다. 남편은 아내가 열다섯 번이나 바뀐 것 같다고 말할지도 모른다. 나 스스로도 지금껏 살아오는 동안 끊임없이 분해되었다가 다시 조립되기를 반복한 기분이다. 이 모든 과정을 함께해 준 나 자신과 주변 사람들에게 고마울 따름이다.

재닌과 인연을 맺게 해 준 우주에도 감사한 마음이다. 이 글을 쓰는 지금도 나는 이 여인이 내게 얼마나 큰 의미를 갖는지 새삼 상기한다. 재닌은 나로 하여금 칼릴 지브란이 말한 '내일의 집'을 들여다볼 수 있게 해 주었다. 그와 함께 일함으로써 나는 수많은 삶과 가족들을 일정한 거리에서 관찰하게 되었다. 재닌와 함께 이 책을 집필하면서는 또 한 번의 성장을 이루었다.

당신이 성장하고 주변 사람들에게 다가가는 데 이 책이 조금이라도 도움이 됐다면 우리의 목적도 달성한 셈이다. 친애하는 독자들이여, 여러분의 고군분투와 탐색, 탐구, 실패, 그럼에도 불구하고 다시 일어나는 모습에 경의를 표한다. 포기하지 마라! 멈추지 말고 나아가라! 언젠가는 결실을 맺는 날이 올 것이다. 내 인생에서 지금만큼 행복했던 적은 없었다.

| 감사의 말

이 책에 담긴 내용은 우리 두 사람의 삶의 여정을 통해, 특히 많은 사람들과의 공존과 교류를 거치며 숙성되었다. 사적으로 우리와 함께해 준 분들은 물론 일하는 과정에서 만나고 동행하게 된 분들도 마찬가지다. 우리는 그들에게서 현재와 성장, 열정과 고난, 어떤 어려움이 닥쳐도 계속해서 전진하게 해 주는 동력을 엿볼 수 있었다. 이것이 이 책을 쓰게 된 동기이자 원천이 되었다.

책의 탄생을 가능하게 해 주신 분들께 가장 먼저 감사의 말을 전하고 싶다. 주잔네 미에라우씨는 우리에게 쾨젤 출판사와 질케 포스씨를 소개해 주셨습니다. 주잔네, 당신의 귀한 노고에 감사드립니다. 당신의 애정 어린 상담은 세상을 더 나은 곳으로 만드는 데 크게 기여하고 있답니다. 질케 포스 씨는 이 책을 집필하는 동안 우리와 동행해 주셨습니다. 원고를 잘 손질할 수 있도록 '독려해' 주셔서 고마워요, 질케. 덕분에 우리도 최선을 다해 이 일을 마칠 수 있었어요. 편집자 랄프 라이씨는 커다란 인내심을 발휘하며 우리의 글을 꼼꼼히 살펴주셨습니다. 나아가 헤아릴 수 없이 많은 귀한 책들이 탄생한 '집'에서 이 책이 출판될 수 있었던 데 대해 쾨젤 출판사와 모든 담당자들에게 감사의 마음을 전합니다.

내게 사랑과 지지를 보내준 가족에게도 감사한 마음이다. 그토록 오랫동안 내게 힘을 주고 언제나 내 곁에 있어 준 데 대해, 그리고 있는 그대로의 내 모습으로 당신들 곁에 머물도록 허락해준 데 대해 고마움을 전한다.

얀, 당신은 내가 사랑하는 배우자이자 참을성 있게 내 말에 귀를 기울여주는 사람이며, 우리 딸에게는 내가 상상할 수 있는 가장 멋진 아빠에요. 나의 온 마음과 존재를 담아 당신에게 '예스'를 보냅니다. 엄마이자 동행자로서 나를 선택해 준 데 대해 딸 엘레니, 고맙다. 너로 인해 내게 완전히 새로운 세상이 열렸고, 너는 내가 꿈꾸는 것보다 더 많은 것을 내게 가르쳐준단다. 영원히 사랑해.

내게 너무나 큰 본보기가 되어 주시고 그보다 더 많은 것을 가능하게 해 주신 부모님께도 감사드립니다. 저를 끊임없이 지지하고 믿어주셔서 감사합니다! 나와 함께 웃고 울어주는 두 오빠, '오빠'라는 단어를 빛내 주는 둘에게도 감사의 마음을 전합니다.

내 블로그 '미니 앤드 미'와 소셜 미디어를 찾아 개인적이고 솔직한 시선을 보내주시는 독자 여러분께도 감사합니다. 내 글을 읽고, 성찰하고, 교류할 수 있어 감사할 따름입니다. 여러분 덕분에 온라인 작가로 활동할 수 있게 되었으며, 내 삶을 훨씬 더 주관적으로 꾸려 나갈 수 있게 되었습니다.

잔드라, 당신에게도 고마운 마음을 전해요. 당신과 나눈 우정, 시간들, 당신의 애정과 존재가 감사할 따름이에요. 당신은 친구를 넘어 내게 많은 가르침을 주는 멘토입니다. 이제 당신과 함께 이 책을 쓰기에 이르렀군요. 다른 누구와도 이토록 기쁜 마음으로 집필에 임할 수는 없었을 것입니다.

_재닌 믹

나의 존재와 성장에 기여해 주신 모든 분들께 감사의 마음을 전한다.

나를 길러 주신 부모님과 조부모님께 감사드립니다. 나는 배운 것의 대부분을 잊어야 했습니다.

슈테판에게도 고마운 마음을 보냅니다. 당신과 함께 한 삶의 여정을 통해 나의 가장 나쁜 면과 가장 좋은 면을 알게 되었지요. 그리고 결심을 내릴 수 있었습니다.

내 훌륭한 세 아이들, 루카스와 프란치스카, 로렌츠에게도 고마운 마음을 전한다. 내 마음은 너희에 대한 기쁨과 사랑으로 넘쳐난단다. 너희들이 항상 이것을 보고 느낄 수 있도록 쉬지 않고 노력을 기울이는 엄마가 될게! 계속해서 나를 독려해 주렴.

내 스승인 데이비스 슈나크와 에스퍼 율에게도 감사드립니다.

44년 전부터 내게 자매이자 친구, 동반자이기도 했던 친구 브리기트에게 고마움을 전한다. 내가 약해질 때 언제나, 영원히 내 곁에 있어 주세요.

나를 신뢰하고 받아들여 주는 분들, 그리고 팔로워님들에게도 감사드립니다. 코치로서 내가 가르치는 것을 스스로 실천할 수 있는 것도 모두 여러분 덕분이었습니다.

_잔드라 테믈-예터

왜 아이 마음에
상처를 줬을까

| 초판 1쇄 | 발행일 | 2020년 6월 15일 |
| 초판 2쇄 | 발행일 | 2020년 6월 25일 |

지은이 　재닌 믹·잔드라 테믈-예터
펴낸이 　유성권

편집장 　양선우
책임편집 　윤경선 　　편집 　신혜진 백주영
해외저작권 　정지현 　　홍보 　최예름 　　디자인 　박정실
마케팅 　김선우 박희준 김민석 박혜민 김민지
제작 　장재균 　　물류 　김성훈 고창규

펴낸곳 　(주)이퍼블릭
출판등록 　1970년 7월 28일, 제1-170호
주소 　서울시 양천구 목동서로 211 범문빌딩 (07995)
대표전화 　02-2653-5131 | 팩스 02-2653-2455
메일 　loginbook@epublic.co.kr
포스트 　post.naver.com/epubliclogin
홈페이지 　www.loginbook.com

로그인은 (주)이퍼블릭의 어학·자녀교육·실용 브랜드입니다.

이 도서의 국립중앙도서관 출판예정도서목록(CIP)은 서지정보유통지원시스템 홈페이지(http://seoji.nl.go.kr)와 국가자료공동목록시스템(http://www.nl.go.kr/kolisnet)에서 이용하실 수 있습니다. (CIP제어번호: CIP2020021020)